环境影响评价口袋书

《环境影响评价口袋书》编写组　编

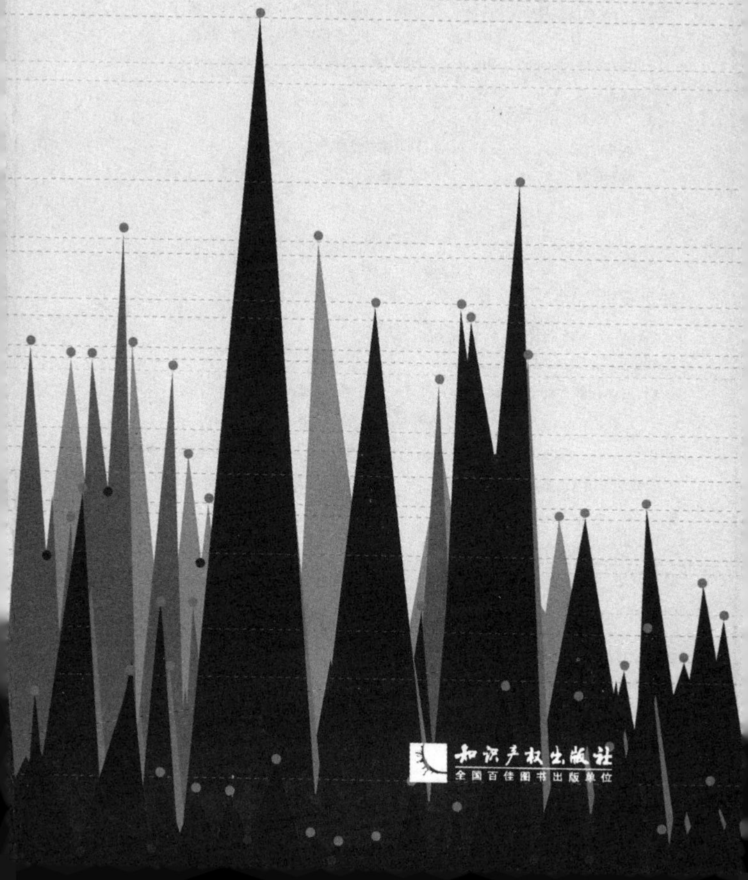

图书在版编目（CIP）数据

环境影响评价口袋书 /《环境影响评价口袋书》编写组编. — 北京：知识产权出版社，2016.8

ISBN 978-7-5130-4353-3

Ⅰ.①环… Ⅱ.①环… Ⅲ. ①环境影响—环境质量评价 Ⅳ.①X820.3

中国版本图书馆 CIP 数据核字 (2016) 第 191297 号

内容提要

环评是什么？环评的过程中公众应该得到哪些信息？公众参与的空间在哪里？公众通过参与环评，能够给自己身边的环境带来哪些改变？本书在使公众了解环评的同时，也让环评业内人士能充分认识到并尊重公众的知情权和参与权，并在自身的工作中为公众参与提供便利条件。

读者对象：对环保、环评感兴趣的读者。

责任编辑：龙　文　胡文彬　　**责任校对**：谷　洋
特约编辑：刘　英　　**责任出版**：刘译文

环境影响评价口袋书

《环境影响评价口袋书》编写组　编

出版发行：知识产权出版社有限责任公司
网　　址：http://www.ipph.cn
社　　址：北京市海淀区西外太平庄 55 号
邮　　编：100081
责编电话：010-82000860 转 8031
责编邮箱：huwenbin@cnipr.com
发行电话：010-82000860 转 8101/8102
发行传真：010-82000893/82005070/82000270
印　　刷：北京科信印刷有限公司
经　　销：各大网上书店、新华书店及相关专业书店
开　　本：720mm×1000mm　1/32
印　　张：9.75
版　　次：2016 年 8 月第 1 版
印　　次：2016 年 8 月第 1 次印刷
字　　数：152 千字
定　　价：30.00 元

ISBN 978-7-5130-4353-3

本书由欧盟与环保组织自然大学合作的“提升污染受害者和民间组织应对中国化学品安全问题能力”项目以及德国罗莎·卢森堡基金会与自然大学合作的“促进环境影响评价公众参与”项目共同提供资助。

Green Beagle

本书内容由自然大学负责，不反映项目资助方的任何观点。

ROSA LUXEMBURG STIFTUNG

“促进环境影响评价公众参与”项目是德国罗莎·卢森堡基金会和自然大学的合作项目，旨在促进中国民间环保组织和公众真实、理性地参与环境影响评价过程。

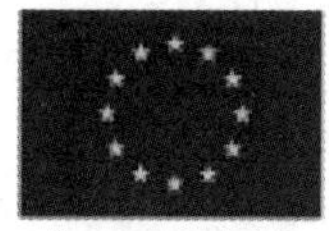

European Union

“提升污染受害者和民间组织应对中国化学品安全问题能力”项目是欧盟资助的项目。由消除持久性有机污染物国际网络（IPEN）、捷克环保组织阿妮卡（Arnika）和中国环保组织自然大学共同执行。其目的在于提升民间组织和受污染影响的公众的应对能力，促进中国的化学品安全。本项目（又称“中国化学品安全项目”）在欧盟支持下已经实施了两年多。

本书编写组

谢新源（北京市丰台区源头爱好者环境研究所）

丁文章（重庆两江志愿服务发展中心）

田　静（北京市昌平区多元智能环境研究所）

毛　达（磐石能源与环境研究所）

冯永锋（光明日报社）

序言　厘清责任，消除偏见，共同前行

2014年11月15日，自然大学举办了一次环评公众参与论坛，目的是促进环评工作者（包括有关政府部门和专家）和从事环评公众参与工作的环保组织的交流（请原谅笔者过于简单化地把参会人员区分为两类人，并称其为“双方”，因为行业内和行业之外的人看待环评会有不同的视角）。这次论坛有幸请来了环保部门、环评单位、研究单位、律师、民间环保组织的有关人士参加，但由于种种原因，多位环评业内人士未能参加下午讨论，因此并未达到所希望的谅解和共识。从这个角度来说，这次论坛远非一次成功的论坛。尽管如此，笔者却从大家的发言和感想中得到不少启发，愿以此文弥补缺憾（有些参会者对这个会可能没有具体的期待，所以也就不觉得缺憾，但希望

读完本文后能够体会笔者这种缺憾感）。

首先，对于“环评是什么”，双方有不同的认识。不了解这种差异，彼此肯定会用不可思议的眼神看对方，觉得对方是异类。

对于环评业内人士，“环评”是一种法定的制度，是在狭义上的理解；而民间环保人士显然对“环评”赋予了更多的内涵。用一个不太恰当的比喻，环评工作者是从职业出发，就像是私人医生，给客户提出饮食和就医方面建议，不太关心其他导致疾病的因素；即使在饮食和就医的范围内，也不能保证客户如果按照这些建议去做，客户就一定不会得病。但环保组织是从问题出发，关心的是人的健康，所以免不了会谈论心理、社会、生活方式等问题。不过，如果说环评从业者为了赚钱，会想方设法使企业获得环评批复，而置真正的环境问题于不顾，无疑会轻易冤枉许多人。这些环评从业者的确是真心实意为企业如何做环保提出可行的建议。

笔者想先向环保组织一方介绍一下我国目前的环评制度。虽然对于环评业内人士而言，这只是入门级的东西，但他们显然对许多民间环保人士并没有明确的概念——环评业内人士会惊讶，你们居然也自称是搞环保的，怎么可以这么不专业？！环评专业人士可以跳过下面四段。但如果您在没请民间环保人士了解这些知识之前，就以“不专业”为名拒绝和他们谈话，那么他们也会很纳闷、很委屈的，您真的挫伤了他们的积极性。这不利于双方共同目标的实现，下文会分析这个目标。

在业内语境中，环评是一种制度，体现了环保中的“预防原则”。我国很早以前就要求环保措施和建设项目主体工程“同时设计，同时施工，同时投产”，简称“三同时”，环评就是对环保措施的设计，而环保措施的施工和投产靠的是另外一个相关制度来保障，也就是建设项目竣工环保验收。

按照目前的制度，环评单位是咨询方，业主（也就是建设单位或企业）向其提供项目资料，例如主体工程是多大产量，采用什么工艺；环评单位据此计算哪些工艺流程会产生什么样的污染物，这些污染物能不能内部消化；不能消化的需要上哪些污染处理设施，这些设施的处理效果如何，会产生多少建设成本和运营成本（企业据此计算经济可行性，毕竟企业是为了

营利）；即使上了除尘器或污水处理厂，处理率不可能是100%，绝大多数情况下还要有部分外排，那么受纳这些外排污染物的水体和大气目前的环境质量如何，如果已经快超标或已经超标，那么新上项目很可能就不合适了，环评单位对此要把关。

如果为业主提供的污染治理方案（即环评报告）没什么技术上的问题，那么环评单位的职责就到此为止，接下来是建设单位应该按照环评报告来施工和运营。施工完毕后，有一个试运行期，试运行结束后，环保部门要进行竣工环保验收，这在环保部门中也属于环评，但对于环评单位，却已经解放了一半——如果建设单位没有按照环评单位的方案来执行而出现问题，应该由建设单位而不是由环评单位来承担责任。如果这时候环保组织去找环评单位的麻烦，环评单位一定会大呼冤枉；如果环评单位敏感一点，甚至会忌讳环保组织说验收的问题是“环评的问题”。除非建设单位按照环评报告实施了，却照样出现问题，那这时候对环评单位追责，就不冤枉它了；当然，这时候环评审批部门也有责任，谁让您之前批准了这个环评报告并让它实施呢？您没预料到按照这不合格的环评报告执行的后果吗？

如果环评报告真的合格，竣工环保验收也真的合格（必须排除造假的情况，造假按上文处理），那么您再说是“环评的问题”，环评单位和环评审批部门的同仁就都要和您没完了。因为对于他们而言，这时候项目已经进入了环境监管阶段。环保部门内部有专门的科室做这项工作，但这个科室绝不是环评科。对于环评业内人士，这时候问题已经和环评八竿子打不着了。我想请民间环保人士注意用词，同时尊重他们在职责上的这种区分，这也不影响您继续追究环保问题，只是请您出屋门左转向环保局的环境监测处询问企业是否超标排放，或者在企业涉嫌违法的情况下出环保局大门右转向环境监察大队举报。

如果说以上只是环评机构、环评审批部门、环境监管部门的问题，还在环保系统内部，责任还比较容易区分的话，那么环评之前还有好几个环节的问题，就更让环评业内人士头疼了。

一个建设项目从想法的孕育到落地投产，要许多轮论证，包括政策制定、规划、立项、选址等环节，涉及发改、工信、规划、国土等多个政府职能部门。

在经济发展仍占主流的今天，经济和技术的可行性是这些论证的主要内容，环保方面的论证介入的时间晚，通常在政策和规划早已制定好、可行性研究已经做完、选址也已经确定的情况下，项目环评才姗姗来迟。实际上，每一个步骤都已经决定了后来的环境影响，这种境况下的项目环评，只是“墙内几百米，墙外几公里”的事情，许多决定已经无法改变。无怪乎有环评业内人士感叹，只是环评有公众参与环节，于是成了各种社会积怨的爆发口，环评管不到的地方也找环评问责。也有民间环保人士说，环评有成为户口制度的趋势，因为附加了许多本不应该归其解决的问题。在了解这些情况后，您是否还会轻易把某事件归结为“环评的问题”，而继续让业内人士倍感委屈？

但是，从另一个角度看，这些确实也是“环评的问题”——只要不把“环评”限制在“建设项目环评”上。按照正常的道理，既然政策制定、规划、立项、选址等环节，每一步都有环境影响，那么每一步都应该进行环境影响评价，公众都应该有机会参与决策。也正是因为如此，环保部门现在十分强调规划环评、战略环评。

现在，建设项目环评的前置程序存在三个方面的问题：一是程序本身的混乱或不明确。例如，可行性研究现在是先于环评的，但可行性研究难道不应该包括环境（自然环境和社会环境）方面的可行性吗？如果经济、技术方面已经通过审核，却发现环境方面不可行，方案岂不是要推倒重来？二是这些程序缺少信息公开和公众参与环节。例如，立项的过程并不透明，公众能看到发改委的审核结果已经不错了，很难谈得上审核过程的参与。有业内人士说，“环保部门都很难参与，更别提公众了”。说句公道话，在各类政府职能部门中，环保部门的信息公开和公众参与无疑是走在最前面的。三是环保组织自身对这些程序研究不足，也没有着力推动。例如，《城乡规划法》第26条规定，城乡规划报批前，编制机关应该将草案公示至少30日，采用论证会、听证会等方式征求专家和公众的意见，并且在报批材料中附具意见采纳情况及理由。环保组织并没有发掘并很好利用类似的现有规则。

对于这三类问题，环保组织的倡导目标应该分别是：以立法的方式，明确政策制定、规划、立项、选址等程序本身；以立法的方式，在这些程序加入信息

公开和公众参与的内容；环保组织自身加强学习，主动实践，唤醒现有的信息公开和公众参与的“睡美人条款”。

环评业内人士可能会想，环保组织管得真宽！谈到这，笔者就想请环评业内人士听一听民间环保人士的立场了，毕竟理解应该是相互的。环评作为一种职业，它的逻辑是自洽的，但并不是完全的，是否完全是由受关注的问题决定的。如果我们关注的是能否符合标准（包括环评导则等），那么只需关注项目能否通过审批，按部就班、别出岔子就够了。但有时候为了符合标准，一个项目可以出于某些行政命令、不顾程序地调整自然保护区范围、调整规划（有位律师把这种不顾上级规划，强行调整下级规划的做法比喻为“爷爷还没有，孙子就已经出生了”），或者在这种决策中罔顾公众的声音；像公众参与这种没有导则可循的环节，建设单位在本地合作者中间找几个亲戚签字同意也就过了——这对于环评专业人士而言根本不是一个专业的问题，“软得捏不起来”（环境工程业内有软科学和硬科学之分，基本相当于人文和技术之分，并且对前者颇感不屑），但对民间环保人士而言，这是一个涉及原则的严重问题，直接剥夺了公众的知情权和参与权，是他们绝不答应的；他们对公众实现应有权利的执著，与您对技术严谨性的执著是一样的。

在笔者来，这两种执著不应是互相对抗的，而是对于实现某种目标而言缺一不可的。至于这种目标是什么，需要我们回头看一眼我们的环评制度的初衷。比较正式的说法是，环评是为了在污染（以及生态破坏）真正出现之前就对其进行评估，将其控制在可接受的范围内。然而，又是因为什么问题，我们才从事环保事业？环保是为了什么？污染要控制在谁可接受的范围内？只有清晰地认识这些 ，我们才不至于迷失在现实的迷雾中。我们做环保，是因为我们的河水不再能游泳、钓鱼，也不能直接饮用，我们的空气不再适宜呼吸，我们的食物也不再能安全食用；有的人的农田被废渣占据，有的人的鱼一夜之间全死了，有的人不再能从地下打上干净的水，有的人得了怪病而默默逝去；由于知情权和参与权没有得到尊重和保障，合理的疑虑没有得到回应，他们只能用“散步”来表达自己的意见，一闹就停，是双输的结局。这些问题是可感知的，不会因为你是专业的、他是非专业的而有所不同。

环评能预防污染吗？能解决与之相关的社会问题吗？这是民间环保人士所考虑的，这已经远远超出了现行环评制度的范围。正是因为发现环评不能实现这个目标，民间环保人士才会去追问选址、规划、政策和标准的制定——更重要的是，争取在这些环节中纳入公众的意见，因为企业主赚了钱可以走人，官员也可以升迁，与环境同生死共命运的只有花了半辈子积蓄在那边买了一套房的老百姓。他们心里装着的是老百姓，这和新一届党政领导班子所倡导的“执政为民”理念，是完全一致的。

也许这些环保人士很不专业，甚至之前从来都没有接触过这些问题，但您恐怕不得不承认，他们所发现的问题都是亟待解决的，如果您也没有忘记作为一个环保人的初衷的话。也正是因为他们不专业，所以他们才需要向各种各样的业内人士学习。不幸的是，我曾经不止一次听到有人说，环保组织一点都不专业，只会找茬，不能提供解决方案，只是为了招摇撞骗。这与其说是一种诬陷，不如说是一种偏见——正如民间环保人士会不时地说，做环评就是走过场，帮助企业通过审批而已。可以明确地说，环保组织也有人在努力研究工艺和排放，并且将其转化为公众可以理解的语言；环评单位也有人在认真核对建设单位提供的公众调查表，确保没有造假。打破偏见，我们就会发现，我们都是环保人，都在为环境改善而努力工作，我们的角色在共同的目标中都是不可或缺的。

“求同存异”这个词或许应该改为“存异求同”——因为“存异”不是次要的、可有可无的，而是一定的社会结构中的既定基本事实，是求同的前提。只有明确彼此的立场，真正了解彼此的差异，才能发现他人的可贵之处，合作才有可能发生，合作正是因为别人能做我们做不了或没有精力去做的事。

前言　公众参与，你也可以！

雾霾、牛奶河、重金属大米……现在，这些字眼已经不时跃入我们的眼帘，刺痛我们的内心。即便没有生活在排放毒水、毒气的工厂旁边，我们也已然成为污染的受害者。

遇到污染，我们最容易想到的是拨打12369举报，在2015年1月1日新《环境保护法》（以下简称《环保法》）实施后，环保组织还可以开展公益诉讼。但是，我们有没有办法在污染发生之前就阻止悲剧发生呢？

有！其实，环境保护最重要的原则之一就是预防原则；落实预防原则最重要的制度叫“环境影响评价”（以下简称“环评”）；而能够保证环评真实有效最重要的部分就是公众参与，因为公众是环境污染最直接的受害者，最有可能成为环境最坚定的保护者。

说句实话，我们国家的环评一直做得不尽如人意，有时甚至成了“企业花钱买批文”，除了制度安排上有问题之外，最大的原因就是公众不了解自己能够如何参与，建设单位、环评单位甚至环保部门都有意无意地认为环评是专业人员的事而忽视让公众参与。

当然，在某些情况下，公众也会因为对拟建项目不了解而产生恐慌，甚至引发“邻避运动”。“邻避运动”未必是一件坏事，是公众理性参与、政府重视民意的开始。

让公众真实、理性地参与环评，就是我们编写本书的原因。

本书共有6章，前5章是主体部分，涉及环评程序、信息公开、公众参与、各方责任、救济方式，笔者以问答的方式展示了公众参与环评过程可能遇到的问题，尽可能让其起到工具书的作用。第6章是案例，目的是展现环评公众参与角度的多样性，为公众发起倡导提供借鉴。

这书并不是很薄，但笔者希望普通公众哪怕只看前面几页，就能快速入门，上手，开始行动，参与环评——毕竟面对中国已经十分严峻的环境状况，用行动去改变才是最重要的。

如果有幸，一些环评业内人士成为了本书的读者，你们可能会认为，这里讲的全是程序性的东西，连一个数学公式都没有！公众看过之后还是会什么都不懂，还是那么不专业！对此，笔者想说，公式是为人服务的，不可能是人为公式服务——公式要么为公众维护自身权益服务，要么为企业通过审批服务。我们当然需要数学工具来弄清一些基本事实，但是，数学永远无法代替人来作出价值判断。

在笔者接触过的环评案例中，鲜有环评程序滴水不漏、信息公开及时全面、公众参与真实可信的。在环保领域，缺失的不是高智商，而是对本职、对社会的一份责任心——相信如果环评单位都如实评估，环保部门都依法依职权审批，企业都依法履行环保责任，中国的环境状况必定大有改观。从这个意义上说，对于中国的环保而言，依法履行职责比“专业性”更加重要。

本书目前是第1版，今后还会有许多改进的空间，也会逐渐“专业”起来。但无论怎么改变，希望我们都不要忘记环评的初衷是为了挽救中国已经十分严峻的生态环境。

现在，我们就开始环评公众参与之旅吧！

一、什么是环评？政策环评、规划环评与建设项目环评

环评是在决策之前，对决策方案的环境影响进行事前评估的环境管理手段，体现了环境保护的“预防原则”。所谓的决策，在宏观上指法律法规、政策，在中观上指行业规划、区域规划，在微观上指建设项目方案。因此，环评也就可以大致分为政策环评、规划环评、建设项目环评。

我国目前的法律法规规定得最详细的是建设项目环评，建设项目环评由建设单位委托环评单位执行，除了有技术上的要求之外，环评还须经过公众参与，征求公众意见，才能形成环评全本，报送环保部门审批。环保部门批准后，建设单位才能开工建设。经过试生产调试，环保措施达到要求后，环保部门将进行验收，并且出具验收批复，企业才能正式生产。

根据新《环保法》，编制有关开发利用规划，应当依法进行环境影响评价。未依法进行环境影响评价

的开发利用规划，不得组织实施。实际上是强调了规划环评的重要性及其与建设项目环评的承接。

新《环保法》还规定，国务院有关部门和省、自治区、直辖市人民政府组织制定经济、技术政策，应当充分考虑对环境的影响，听取有关方面和专家的意见。实际上是为政策环评打开了一道门。

要重视政策环评和规划环评的原因是：政策是各类决策的源头，没有政策环评，环境影响评价制度就是带有“先天缺陷”的，源头治理的“预防原则”就不可能得到贯彻。这是因为，政策解决的是“是否建设”“为什么建设”的问题；规划解决的是产量和地域分布；而到了项目环评阶段，产量、选址都已经确定下来，只能考虑“怎么达标排放”的问题了，然而即使不考虑监管的漏洞，达标排放也是排放，污染已经不可避免。

只有进行政策环评，讨论和比选“替代方案”“零方案”在制度上才成为可能。以垃圾管理的决策过程为例，各相关方至今没有一个正式的平台，可以讨论垃圾分类的实施计划，以及焚烧、堆肥、填埋等处理方式所占比重的合理性，而只能讨论具体某个垃圾焚烧厂的对于各类污染物的处理是否符合要求。只有建立政策环评制度，对于垃圾焚烧的替代方案的讨论才能进入程序，富有成效。

在我国政策环评和规划环评的制度设计还远远不够，需要致力于环境保护的人们进行立法倡导。

二、环评在建设项目开工程序中的位置、环评与其他行政审批的边界

建设项目的环境影响并不是在建设项目环评这一个阶段产生的。建设项目开工有8项必要条件，也就是需要经过8种行政审批，只要其中一个步骤发生错位，都有可能产生环境影响。这8项条件包括：符合国家产业政策、发展建设规划、土地供应政策、市场准入标准；发改委审批、核准或备案；规划许可；用地批准手续；环评批复；节能审查；施工许可证或开工报告；法律法规的其他要求。

也就是说，一个建设项目从想法的孕育，到落地投产，要经过许多轮论证，包括政策制定、规划、立项、选址等环节，涉及行业主管部门，以及发改、规划、国土等多个政府职能部门。在经济发展仍占主流

的今天，经济和技术的可行性是这些论证的主要内容，环保方面的论证介入的时间晚，通常在政策和规划早已订好，项目已经立项，选址也已经确定的情况下，建设项目环评才姗姗来迟。这种境况下的项目环评，只是“墙内几百米，墙外几千米”的事情，许多决定已经无法改变。

对于公众而言，在一个项目上马的过程中，可能还会遇到选址、征地、搬迁等问题，这些并不是“环评的问题”。有些环评业内人士觉得公众不了解这里面的职责分工，对环评单位提出了不切实际的要求。但是上述程序毫无疑问会产生环境影响。

三、建设项目环评程序，区分环评的问题、验收的问题、运行监管的问题

环评单位的职责范围，在理论上仅限于编制环评报告到环评报告通过审批之间，通过审批后，环评单位就差不多“万事大吉”了。

按照目前的制度，环评单位是咨询方，业主（也就是建设单位）向其提供项目资料，例如，主体工程是多大产量，采用什么工艺；环评单位据此计算哪些

工艺流程会产生什么样的污染物，这些污染物能不能内部消化；不能消化的需要上哪些污染处理设施，这些设施的处理效果如何，会产生多少建设成本和运营成本（企业据此计算经济可行性，毕竟企业是为了营利）；即使安装了除尘器或污水处理设施，处理率不可能是100%，绝大多数情况下还要有部分外排，那么受纳这些外排污染物的水体和大气目前的环境质量如何，**如果已经快超标或已经超标，那么新上项目很可能就不合适了**（除非在区域内采取其他减排措施，如关闭其他污染源），环评单位要对此把关。

如果为建设单位提供的污染治理方案（即环评报告）没什么设计上的问题，那么环评单位的职责就到此为止，接下来是建设单位应该按照环评报告来施工和运营。施工完毕后，有一个试生产阶段，试生产结束后，环保部门要进行竣工环保验收。这在环保部门中也属于环评业务，但对于环评单位，却已经解放了一半——如果建设单位没有按照环评单位的方案来执行，而出现问题，应该由建设单位而不是环评单位承担责任了。如果这时候去找环评单位的麻烦，环评单位一定会大呼冤枉；如果环评单位敏感一点，甚至忌讳环保组织说验收的问题是“环评的问题”，他们会说：“这是建设单位没按环评要求执行，与环评报告无关。”除非，建设单位按照环评报告实施了，却还是照样出了问题，那这时候对环评单位追责，就不冤枉它了。当然，这时候环评审批部门也有责任，因为是它批准了这个环评报告，而没有预料到按照这不合格的环评报告执行的后果。

如果环评报告真的合格、竣工环保验收也真的合格（必须排除造假的情况，造假按上文处理），那么再说是“环评的问题”，环评单位和环评审批部门的朋友们就都要和您没完了。因为对于他们而言，这时候项目已经进入了运营期环境监管阶段。这时候您只需出了环评科左转向环保局的环境监测科询问企业是否超标排放，或者在企业涉嫌违法的情况下出环保局大门右转向环境监察大队举报即可。

四、澄　清

一方面，笔者想对环评业内人士做一点点澄清：大多数认真严肃的环保组织以及理性抗污维权的受害者把各种责任关系都搞得很清楚，他们“冤枉”环评

单位或环保部门的情况很少见。这可以从大量他们所写的公开信、微博、信息公开申请、行政复议、行政诉讼中可以看出来。他们在环评方面所提出来的建议大都具有针对性，应该得到环评单位和环保部门的重视而非无视。

另一方面，笔者也希望刚刚开始参与环评的公众仔细阅读上面的文字，注意不同政府部门、社会机构在职责上的区分，避免"误伤"——这并不影响您继续追究环保问题。

五、普通公众如何参与建设项目环评

建设项目环评公众参与的程序比较明确，也是目前环保组织参与得最多的一类环评。

在项目环评过程中，建设单位或其委托的环评单位要进行两次公示，每次至少10个工作日——第一次是建设单位刚刚委托环评单位时，第二次是在环评报告已经基本完成、仅剩公众参与篇章未编写时。在公示期间，公众都可以提意见，还可以要求建设单位举行听证会（尽管在目前的情况下，建设单位几乎基本不会答应）。

请注意图1中的虚线。虚线以上，环评报告尚在编制过程；虚线以下，就进入了环保部门审批程序。环保部门在受理后立刻要公示10个工作日，公众可以提意见；对于环评报告书，环评批复的法定时间是受理后60日内。环保部门拟作出批复时，要公示5个工作日，作为利害关系人的公众可以提出申请，**要求环保部门召开听证会**。环保部门在作出批复决定后，也要公示。

在建设项目建成后，一般经过为期3个月的试生产调试，环保部门要进行验收。验收的受理、拟批复和批复同样需要进行公示。

如图1所示，在虚线以下的环节中，公众如果觉得环保部门的信息公开、环评批复等行为不符合法律法规要求，就可以采用行政复议、行政诉讼的手段，要求环保部门公示信息，或者撤销违法违规的环评批复，维护自身的合法权益。

一旦撤销环评批复，潜在的污染项目就不能上马。对于公众而言，比起遭受污染再来维权，在环评阶段的积极参与能够避免在健康和财产方面付出沉痛代价，防患于未然。

了解程序后，我们再来看看环评中的常见问题：

（1）选址不合理，与周边环境敏感点（自然保护区、饮用水水源保护区、基本农田、居民区、学校、医院等）的卫生防护距离不够。

（2）减小评价等级或评价范围。

（3）周边地区某些污染物超标，同时拟建工程会排放这些污染物，却没有区域削减措施（如关闭排放这些污染物的其他项目）。

（4）没有预测某些环境敏感点在拟建工程上马后的环境质量。

（5）对超标的污染物或拟建项目的特征污染物不予评价。

（6）对公众参与部分不负责任，例如：在公众意见调查表上代为签名；建设单位找员工填写调查问卷；未征求某些敏感点的公众意见（征求意见的对象代表性或典型性不足）；没有按照有关规定的要求进行信息公开，或在调查之前没有让公众充分知情；没有把公众提出的意见如实记录在环评报告中；对于公众意见不予答复或没有合理答复。

前言

公众参与，你也可以！

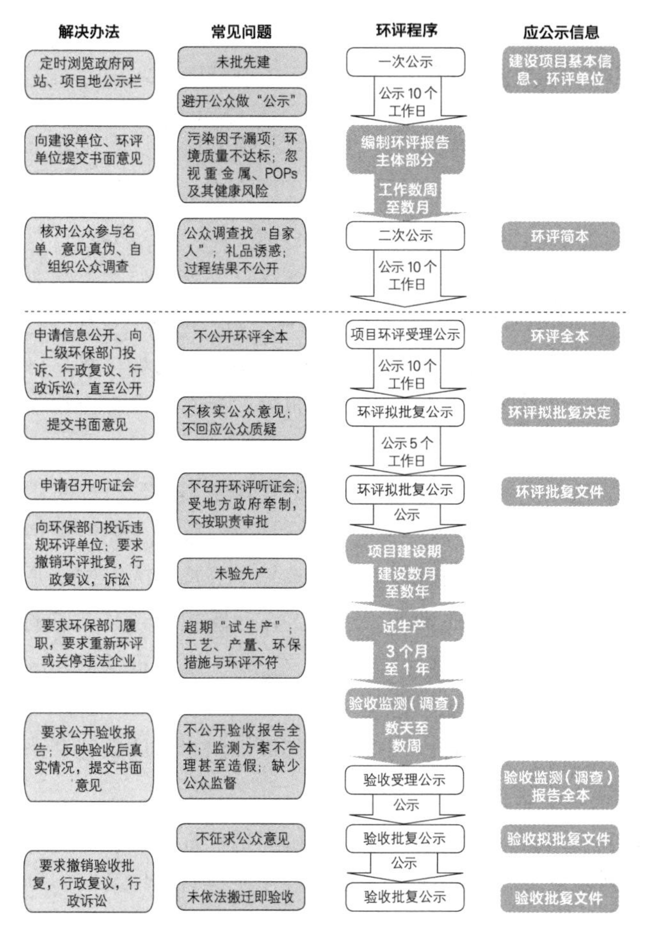

图1　一张图看懂建设项目环评公众参与

六、法律救济

所谓法律救济，这里主要是指公民或法人在要求政府部门依法作出行政行为（如信息公开、撤销环评批复或验收批复等）时，政府部门不作为或不依法作为，公民或法人进行提起行政复议或行政诉讼，上级政府部门或法院受理并作出具有法律效力的活动的过程。

在本书列举的多个案例中，读者会发现行政复议和行政诉讼是督促政府部门履行职责的非常有力的手段。那么，行政复议和行政诉讼应该怎么操作?

无论责任归属如何，申请环评全本的公开，对于公众识别环保问题、区分究竟是建设单位、环评单位还是环保部门的责任而言，都是十分重要的，这也是环保部门应尽的义务。因此，在问题找不到突破口的时候，一定要先申请公开环评报告。厘清责任，问题才能向解决的方向前进。

因此，笔者以向某地方环保部门申请信息公开为例，说明法律救济程序：

（1）公民向地方环保部门申请环评信息公开，收到信息公开的环保部门应该15个工作日内回复，否则要向公民说明延期答复，但答复期限总共不得超过30

个工作日。

（2）收到政府部门答复后（或过了15个工作日仍不答复的），公民可以60日内申请行政复议。

（3）行政复议机关在5日内应提出不予受理及其理由，否则视为在收到复议申请之日起已经受理。受理后，复议机关须在60日内作出复议决定，否则要作出说明，但决定期限总共不得超过90日。

（4）收到复议机关答复（从公民收到复议机关答复之日起计算），或其不予受理（从公民收到不予受理通知时开始计算），或不作答复的（复议机关在收到公民复议申请后60日起计算），公民可以在15日内提起行政诉讼。公民也可以不经复议，直接起诉，时间为在收到受申请信息的政府部门答复后6个月之内（强烈建议先复议，再诉讼，因为新《行政诉讼法》2015年5月1日实施后，复议机关为避免被诉讼，更可能会作出对申请人有利的决定）。

（5）法院7日内决定是否立案，对于法院不予立案又不出具不予立案裁定的，公民可以向上级法院投诉，上级法院应当责令改正，并对责任人给予处分。

（6）立案后45日内审结（信息公开适用简易程序；普通程序为6个月）。

（7）公民收到一审判决书后15日内可以上诉，收到裁定书10日内上诉。

（8）二审法院3个月内作出判决。

如果上面那段文字还是不好懂，请您结合图2，希望它已经能够让您可以着手开始申请环评信息公开了！

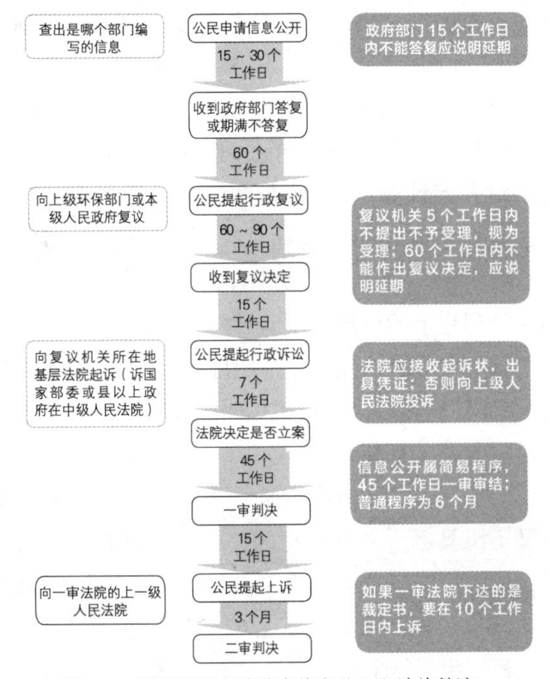

图2　一张图看懂申请政府信息公开之法律救济

由于具体案例可能不仅是申请信息公开，还会遇到其他复杂情况，因此，建议您咨询律师或联系环保组织。

在信息公开和走法律程序的过程中应该保留好相关证据，例如，信息公开申请表应以挂号信的形式从邮局寄出，并保存好邮寄存根，因为政府部门一般只收邮局的邮件而不收一般快递公司的邮件，而且挂号信可以查询对方是否已经收到；寄给有关部门的材料都要留有备份（如复印或拍照）。

七、环评公众参与案例亮点

现实是个多棱镜，只有通过案例，环评公众参与角度的多样性才被折射出来。最典型、最理想的公众参与范本当然是圆明园铺膜防渗事件听证会，我们期待听证会成为公众参与的重要平台；发生污染之后追究环评责任的安徽望江某化纤公司案例也很典型，毕竟现在大多数公众还只是在受到污染后才想着维权；而重庆两志愿服务发展中心的环评第三方审核，则为专业NGO监督环评过程提供了参考；北京六里屯的居民自学有关垃圾焚烧的知识，最终阻止垃圾焚烧厂落

户在自家门口，无疑是这个时代“公民科学”的标杆。但是，本书的案例并不限于建设项目环评过程，甚至不限于环评的公众参与：从听说千岛湖引水工程方案要出台，甚至还没到浙江省发改委立项，千岛湖下游各县居民就通过平和、理性的方式表达诉求；而重庆市为小南海水电站而调整保护区时，自然之友就敏感地察觉了，开始了艰难的守护鱼类家园的过程；湖北省骨架公路网规划环评的公众参与显得有些特别，因为环评单位费尽心思也找不到公众来提意见，这说明公众自身的意识还有待提高；还有一个案例甚至不是环评，笔者认为PX项目更多影响的是社会环境，政府除了更加公开透明、更加关注群众利益之外，没有更好的办法获得公众的信任。最后两个案例是大数据时代专业化的产物：一个是要求各省级环保部门公开专家意见和专家信息，唯有如此，决策过程才能更加透明，防止舞弊现象；另一个则是举报借用真环评单位资质的假环评公司和只挂靠而不对环评报告负责的环评工程师，这无疑是对环评工程行业整体的净化。

1.圆明园铺膜防渗事件：环境保护公众参与的一个样本

到2015年，正好是圆明园铺设防渗膜环评听证会10周年。当时，媒体、专家、政府、公众、民间环保组织等多方的瞩目促成了中国首例环境影响公众听证会的召开，是中国环境保护公众参与的里程碑式事件。各种观点的展示和碰撞通过新华网和人民网的网络直播在第一时间传送给社会公众。言辞激烈处，甚至有代表中途退场。在听证会发言的29人中，有一大半明确反对圆明园铺设防渗膜。不少人认为，这是中国环境保护乃至民主法治的历史上的里程碑。然而不幸的是，环评听证会制度自从那次听证会之后似乎戛然而止，在后来的许多多方争议的环评事件中并没有发挥作用。那么，那次听证会是如何落地的？各方在其中扮演了什么角色？10年后，我们能否唤醒《环境影响评价法》中的“睡美人条款”，再次运用听证会来推动公众真实、理性地参与环评过程？

2.小南海水电站前期的公众参与

为了长江上的水电站建设而调整珍稀稀有鱼类保护区的范围，这是一场典型的发展与保护之间的博弈，

这一次战火已经蔓延到了环评程序之前。小南海水电站的环评并没有开始，但是由于水电站的选址在原保护区范围内，调整保护区范围就是为了确保水电站上马。保护区范围调整由农业部提出，而审批权在环保部。自然之友等多家环保组织在提出反对意见的同时，发现保护区调整已经通过审批，于是向农业部申请论证记录和报告公开，遭到拒绝后，继续行政复议、申请国务院最终裁决，最终却石沉大海。然而环保组织没有放弃，而是继续对小南海水电站环评问题提出意见，并且提出重庆市用电的替代方案。小南海水电站至今为止没有动工。

3.垃圾焚烧与二噁英争议的前车之鉴——北京六里屯

垃圾焚烧是最近在国内争议很大的话题。令人惊讶的是，除了一两位来自正式科研机构的学者外，许多带有某种专业头衔的技术专家或与垃圾管理有关的政府官员都站在焚烧产业一边，并不遗余力地为该行业“去毒化”。然而，这种“专业”的傲慢并没有说服公众，更没有找到垃圾管理的正确道路。相反，受垃圾影响的社区居民开始自发学习和垃圾焚烧及二噁英有关的科学知识，与隐约形成联盟的政府官员、焚烧产业及技术专家相抗衡。这种网络时代的“公民科学”无疑打破了“专业”的藩篱，使原本躺在学术期刊中、本应由专家口中传出的焚烧产物有毒有害的知识，通过论坛、小册子迅速传播开来。他们还广泛动员了人大代表、媒体等多种社会资源，最终迫使焚烧厂另行选址。

4.安徽省望江县农民行政诉讼安徽省环保厅批复某粘胶纤维项目违法

安徽望江某化纤公司污染严重，周围居民癌症多发。一位农民在律师的帮助下，申请撤销安徽省环保厅对于该项目的批复；而后向环保部申请行政复议；在环保部维持安徽省环保厅不予撤销的决定后，他向安徽省环保厅所在地的合肥市蜀山区人民法院提起诉讼，败诉后上诉到合肥市中级人民法院。尽管安徽省环保厅存在未按期出示证据，未依法告知公民听证权利，未审查环境容量，未审查环评单位资质，未追究化纤公司超期试生产，其工作人员兼任环评单位法定代表人等诸多问题，但二审仍然判农民败诉。尽管如此，环境行政主管部门事后还是对该企业进行了整改。

更重要的是，该案开启了安徽省环境司法、执法领域“民告官”之门，对于推进政府依法行政、维护公民、法人和其他社会组织监督环境执法、司法，推动公众参与环境保护具有里程碑意义。或许只有各地公众都行动起来，运用法律武器维护自身合法的环境权益，中国的环境状况才会得到根本性改观。

5.湖北省骨架公路网规划环境影响评价案例

该案例最大的特点就是没有公众主动参与这项公路网的规划环评。作为环评工程师，笔者列出了汽车尾气、噪声、道路占地和水土流失导致生态服务功能下降、穿越保护区、引起地质灾害甚至非传统环境影响因素对民族文化方面的影响。如果公众认真参与，一定还会发现更多潜在的问题。然而，环评单位采取了研讨会、非正式访谈、问卷调查、网上调查等方式，主动联系相关政府部门、交通设施使用者（包括行业协会）、交通设施服务提供者（包括行业协会）、环保NGO，但除了几个政府部门关心用地情况外，湖北的3个环保组织和普通公众均认为与自身无关，或者认为向环评单位反映问题起不到什么作用。这从一个侧面反映出了规划环评所处的尴尬境地：一方面规划可能对环境造成重大影响，另一方面，和污染工厂开始排放、开始造成健康影响相比，规划似乎距离我们的切身利益还很远，于是事不关己高高挂起。

6. 杭州第二水源千岛湖配水工程环评

千岛湖下游的新安江经富春江汇入钱塘江，途中流经淳安、建德、桐庐、富阳，直至杭州。2003年，浙江省曾经提出过从千岛湖直接（通过管道而非河床）引水至杭州和嘉兴的计划，主要是因为两个城市水质性缺水，而用管道引水不会受到污染。但由于水利部原部长钱正英说，引水要先治污，像千岛湖这么好的水，要留给子孙用，引水计划搁置了。然而，在浙江省提出"五水共治"的治污方案的同时，千岛湖配水工程又被提上了议事日程。这是很奇怪的，因为如果治污确实有成效，引水工程就失去了必要性。配水工程还会引起其他问题：工程取水量没有列入流域保护规划的用水总量控制；配水会导致千岛湖水位下降，生态是否能有保障取决于新安江水电站，而后者的调度权不在浙江省；新安江下游来水减少会导致水质恶化；配水将造成杭州市要么水价上涨，要么财政亏空的两难局面。公众在浙江省发改委立项、环评等环节

都主动提出意见，还通过微博“留住千岛湖”展示照片等方式表达反对配水工程的民意。尽管政府部门展现出开明的姿态，多次召开讨论会，但始终没有正面回应上述几个重要问题。2014年12月，工程动工。但公众的意见不是徒劳的，引水工程的总量从原来的每年16.86亿立方米下调到9.78亿立方米，嘉兴取消了引水计划。

7.从社会影响评估的角度解析PX系列事件

PX项目是我国近期争议很大的又一话题。除了环境影响之外，PX项目带来更多的是社会影响。有人说公众太敏感，谈PX色变。然而，这种局面是如何造成的，却十分值得各地方政府反思。社会影响评价理论打开了观察环境问题的另外一个视角。它强调政府应该及时、真实、全面地公开信息，在这个信息社会，片面公示甚至不公示信息，只会引起公众的反感和恐慌，受损的是政府的公信力，社会也会因此而变得不稳定。而且社会影响是具有累积性的，从厦门PX事件起，项目处置始终是一笔糊涂账，一直影响到以后的一系列PX项目。因此，要允许有限冲突，给公众表达诉求的平台，对公众的问题要作出回应。最重要的是，执政者心目中一定要有公众利益，尽量避免公众利益遭受损失，在不能避免的情况下要把损失降到最低，并且要予以补偿。一位厦门受访者说："在PX事件中，到处都是感到自己的利益可能受到损害的人，却没有看到感觉自己会从项目受益的人。"恐怕只有执政者不再一切向GDP看，中国的环境问题才能彻底改观吧？

8.重庆武陵光伏和安美电镀环评第三方审核项目

重庆两江志愿服务发展中心（以下简称"两江环保中心"）是着力关注环评各个方面的环保组织，本书的最后3个案例都来自于该机构。两江环保中心最开始关注的重点是污染现场，在寻求解决污染问题的时候，追根溯源，发现是环评存在着一些普遍性问题。但是，两江环保中心认为，环评制度的设计其实还是比较完备的，还有公众参与的空间，难点在于落实。于是两江环保中心就试图通过民间组织对环评全过程的监督、组织公众参与、积极将民间组织发现的环评问题及时反馈给相关方，以实现环评程序正义、质量提高、公众参与有效，最后能真正削减污染、维护社会和谐。通过把环评第三方审核报告递交给环评单位、当地环保局、市政府公开信箱，并密集沟通交流，两

江环保中心解决了武陵光伏项目涉嫌环评造假、未批先产等问题，安美电镀也迁入了专门的电镀工业园。

9.环评审查专家库信息公开行政诉讼案

环评审查专家库是环评制度中的重要一环，关系着环评文件的最终质量，关乎环评审批决策。专家库的透明度及社会监督将影响专家的公平公正性。尽管许多环评业内人士认为环保组织和公众的环评专业能力有待提高，而公示专家意见实际上将使这一能力得到快速提高，但公示的过程并不容易。两江环保中心向环保部和31个省级环保部门申请公开环评审查专家库名单，包含环评审查专家的姓名、职称、专业、所属单位等内容。一些环保部门不熟悉有关规定，甚至设置人为门槛。两江环保中心依据《环境影响评价审查专家库管理办法》和《环境信息公开办法（试行）》对广东省环保厅不公开环评审查专家库开展了行政诉讼。最终经过法院调解，广东省环保厅公开了环评审查专家库信息。

10.环评资质挂靠与假环评公司

环评市场的供不应求，企业和个人的逐利本性形成了大量的环评挂靠现象。现实中有大量的假环评单位利用真环评单位的资质在开展环评业务，真环评单位从中抽取管理费用；一些有资质的环评单位为了降低成本往往会选择一些环评工程师挂靠在本单位以便于取得资质，但这些挂靠的人员都是不编写环评文件的。这两种挂靠行为首先就是违法违规的，环评的效果也难以得到保证。两江环保中心组建环评公众参与网，在录入环评信息时，发现了大量环评单位、环评工程师违法挂靠现象。该机构先后发布了9期环评单位违法报告、1期针对百度公司发布违法开展环评业务公司百度推广的公开信、1期环评工程师违法违规报告，涉及假环评公司23家、环评单位25家以上、环评工程师上百人。这些推动得到了相关部门的积极反馈。环保部直接对违规环评单位作出了停业整顿的处理，对环评工程师作出了撤销证书和通报批评的处理，并将处置结果对全国通报。这无疑是对环评行业的净化。

谢新源

2015年12月

目　录

第1章
什么是环境影响评价

1.1环境影响评价的定义和范围

环境影响评价是什么?

环境影响评价首先是一种技术方法：对人类的生产或生活行为（如政策、规划、项目建设等）可能对环境造成的影响，在环境质量现状监测和调查的基础上，运用模型计算、类比分析等技术手段进行分析、预测和评估，提出预防和减缓不良环境影响措施的技术方法。同时，环境影响评价也是由我国法律规定的一种制度：一旦被法律所确立，环境影响评价的范围、内容和申报程序，就成为有约束力的管理制度（环境影响评价相关法律法规）。2003年起施行的《环境影响评价法》第2条对“环境影响评价”的定义为:“本

法所称环境影响评价，是指对规划和建设项目实施后可能造成的环境影响进行分析、预测和评估，提出预防或者减轻不良环境影响的对策和措施，进行跟踪监测的方法与制度。”①

按照评价对象，环境影响评价可以分为：

- 规划环境影响评价。
- 建设项目环境影响评价。

按照环境要素，环境影响评价可以分为：

- 大气环境影响评价。
- 地表水环境影响评价。
- 土壤环境影响评价。
- 噪声环境影响评价。
- 固体废物环境影响评价。
- 生态环境环境影响评价。

按照评价专题，环境影响评价可以分为：

- 人群健康评价。
- 清洁生产与循环经济分析。

---

① 环境保护部环境工程评估中心．全国环境影响评价工程师职业资格考试系列参考教材：环境影响评价相关法律法规［M］．北京：中国环境出版社，2013.

- 污染物排放总量控制。
- 环境风险评价。

按照时间顺序，环境影响评价可以分为：

- 环境质量现状评价。
- 环境影响预测评价。
- 规划环境影响跟踪评价。
- 建设项目环境影响后评价。

【小提示】《环境影响评价法》首次将规划环境影响评价制度化，成为与建设项目环境影响评价并列的章节；规划环境影响跟踪评价和建设项目环境影响后评价都属于环境影响评价的范围；由于环境影响评价文件的审批以及相关的建设项目竣工环境保护验收都是行政许可行为，因此可以适用相关法律法规。

1.2 建设项目环境影响评价

建设项目环评需要经过哪些程序？

- 建设单位委托有相应资质的机构（以下简称“评价机构”）为其提供建设项目环境影响评价技术服务。

- 评价机构编写环境影响报告书（报告表、登记表）（以下简称“环评文件”，其中环境影响报告书简称“环评报告”）。
- 建设单位就环评报告征求公众意见。
- 建设单位向有审批权的环境保护行政主管部门（以下简称“环保部门”）申请报批环评报告。
- 有审批权的环保部门受理并审批环评报告。
- 建设单位开工建设。
- 环境保护设施与建设项目主体工程同时设计、同时施工、同时投产（以下简称“三同时”）。
- 试生产。
- 建设项目竣工环境保护验收（以下简称“环保验收”）。
- 后评价。

【小提示】尽管一般认为环境影响评价阶段到环保部门审批（批复）环评报告为止就告一段落，但是从广义上讲，“三同时”和环保验收也属于环境影响评价制度的范围。

【法律依据】《环境影响评价法》第16条、第20

条、第21条、第22条、第25条、第26条;《建设项目环境保护管理条例》第14条、第9条、第10条、第16条、第18条、第20条,《建设项目竣工环境保护验收管理办法》第5条、第6条、第7条、第9条、第17条。

建设项目环评分为哪些类别?

国家根据建设项目对环境的影响程度，对建设项目的环境影响评价实行分类管理。

建设单位应当按照下列规定组织编制环境影响报告书、环境影响报告表或者填报环境影响登记表(以下统称“环境影响评价文件”):

- 可能造成重大环境影响的，应当编制环境影响报告书，对产生的环境影响进行全面评价。
- 可能造成轻度环境影响的，应当编制环境影响报告表，对产生的环境影响进行分析或者专项评价。
- 对环境影响很小、不需要进行环境影响评价的，应当填报环境影响登记表。

建设项目的环境影响评价分类管理名录，由国务院环境保护行政主管部门制定并公布。

【法律依据】《环境影响评价法》第16条、《建设项目环境保护管理条例》第7条、《建设项目环境影响

评价分类管理名录》。

建设项目环境影响评价机构的工作流程分为哪些步骤?

建设项目环境影响评价机构的工作流程为:

- 评价单位接受委托。
- 研究相关法律法规、标准等文件。
- 初步现场踏勘、走访相关政府部门。
- 筛选评价因子、环境敏感点。
- 公众参与第一次公示。
- 编制环评实施方案。
- 开展详细的现场踏勘及环境质量现状监测。
- 进行环境影响预测评价(在采取环保措施情况下,开展大气环境、生态环境、水环境、声环境等专题的影响评价,以及对周边环境敏感点的具体影响评价,并得出初步评价结论)。
- 编制环境影响报告书简本。
- 公众参与第二次公示。
- 开展评价范围内公众参与问卷调查。
- 根据公众反馈意见情况补充完善报告书。
- 汇编报告书报送环保部门审批。

建设项目环评报告书应该包括哪些内容？

建设项目的环境影响报告书应当包括下列内容：

- 建设项目概况。
- 建设项目周围环境现状。
- 建设项目对环境可能造成影响的分析、预测和评估。
- 建设项目环境保护措施及其技术、经济论证。
- 建设项目对环境影响的经济损益分析。
- 对建设项目实施环境监测的建议。
- 环境影响评价的结论。

涉及水土保持的建设项目，还必须有经水行政主管部门审查同意的水土保持方案。

环境影响报告表和环境影响登记表的内容和格式，由国务院环境保护行政主管部门制定。

【法律依据】《环境影响评价法》第17条、《建设项目环境保护管理条例》第8条。

除此之外，环境影响报告书还必须包括公众参与的内容。对于存在事故风险的建设项目，特别是在原料、生产、产品、储存、运输中涉及危险化学品的建设项目，环境影响报告书还必须有环境风险的内容。

建设项目环评报告书（表）中应该附有评价机构的哪些信息?

建设项目环评报告（书）中应附有评价机构的下列信息：

- 编制人员名单表。
- 主持该项目及各章节、各专题的环境影响评价专职技术人员的姓名、环境影响评价工程师登记证或环境影响评价岗位证书编号。
- 主持该项目的环境影响评价工程师登记证复印件。
- 编制人员在名单表中签字。
- 按原样边长三分之一缩印的资质证书正本缩印件；缩印件上应当有：
  - 所承担项目的名称。
  - 环境影响评价文件类型。
  - 评价机构印章。
  - 法定代表人名章。

【相关资料】《全国环境影响评价工程师职业资格考试系列参考教材：环境影响评价相关法律法规（2013）》第58页。

各级环保部门对建设项目环评文件的审批权限如何确定?

国务院环境保护行政主管部门（环保部）负责审批下列建设项目的环境影响评价文件：

- 核设施、绝密工程等特殊性质的建设项目。
- 跨省、自治区、直辖市行政区域的建设项目。
- 由国务院审批的或者由国务院授权有关部门审批的建设项目。

除以上涉及的建设项目以外的环境影响评价文件的审批权限，由省、自治区、直辖市人民政府规定。

建设项目可能造成跨行政区域的不良环境影响，有关环境保护行政主管部门对该项目的环境影响评价结论有争议的，其环境影响评价文件由共同的上一级环境保护行政主管部门审批。

【法律依据】《环境影响评价法》第23条、《建设项目环境保护管理条例》第11条、《建设项目环境影响评价文件分级审批规定》第5条。

上述之外的建设项目环境影响评价文件的审批权限，由省级环保部门参照以下原则提出的分级审批建议，报省级人民政府批准后实施，并且抄报环境保护部：

- 有色金属冶炼及矿山开发、钢铁加工、电石、铁合金、焦炭、垃圾焚烧及发电、制浆等对环境可能造成重大影响的建设项目环境影响评价文件由省级环境保护部门负责审批。
- 化工、造纸、电镀、印染、酿造、味精、柠檬酸、酶制剂、酵母等污染较重的建设项目环境影响评价文件由省级或地级市环境保护部门负责审批。
- 法律和法规关于建设项目环境影响评价文件分级审批管理另有规定的，按照有关规定执行。

【法律依据】《建设项目环境影响评价文件分级审批规定》第8条。

建设项目可能造成跨行政区域的不良环境影响，有关环境保护部门对该项目的环境影响评价结论有争议的，其环境影响评价文件由共同的上一级环境保护部门审批。

【法律依据】《建设项目环境影响评价文件分级审批规定》第9条。

2011年12月，环保部印发《关于加强西部地区环境影响评价工作的通知》，对西部地区（重庆、四川、贵州、云南、西藏、陕西、甘肃、宁夏、青海、新疆、内蒙古、广西、新疆生产建设兵团）部分建设项目环境影响评价审批予以倾斜，委托部分审批权限，下放部分审批权限。

【法律依据】《关于加强西部地区环境影响评价工作的通知》第（6）项、第（7）项。

环评在建设项目开工程序中的位置是什么？

根据《国务院关于投资体制改革的决定》（国发［2004］20号），目前政府投资主管部门（发改委）只审批政府投资项目，对于企业投资项目采用核准制和备案制。

《国务院办公厅关于加强和规范新开工项目管理的通知》（国办发［2007］64号）列出了新开工项目的8项必备条件：符合国家产业政策、发展建设规划、土地供应政策、市场准入标准；发改委审批、核准或备案；规划许可；用地批准手续；环评批复；节能审查；施工许可证或开工报告；法律法规其他要求。这对于审批制、核准制、备案制都一样。

但三者的具体程序要求有所不同：

1.审批制

建设单位要走的流程:(1)向发改委报批项目建议书;(2)获得批复后分别向城乡规划、国土资源和环境保护部门申请办理规划选址、用地预审和环境影响评价审批手续;(3)拿到上述3种手续后，向发改委报批可研报告;(4)拿到可研报告批复后，向城乡规划部门申请办理规划许可手续；向国土资源部门申请办理正式用地手续;(5)有些项目发改委还要审批初步设计和概算。也就是说，在审批制中，发改委要先后审批项目建议书和可研报告(有些还审批初步设计和概算)；而规划部门和国土部门相当于要先后审批两次；环保部门审批一次。

2.核准制

建设单位要走的流程:(1)分别向城乡规划、国土资源和环境保护部门申请办理规划选址、用地预审和环评审批手续;(2)拿到上述3种手续后，向发改委申请核准项目申请报告;(3)拿到核准文件后，向城乡规划部门申请办理规划许可手续，向国土资源部门申请办理正式用地手续。在核准制中，建设单位先拿到规划、国土、环保三部门批复后，才能申请发改委核准项目申请报告，核准后还要到规划、国土部门办理第二次审批。

3. 备案制

建设单位要走的流程：（1）到发改委备案；（2）分别向城乡规划、国土资源和环境保护部门申请办理规划选址、用地和环评审批手续。

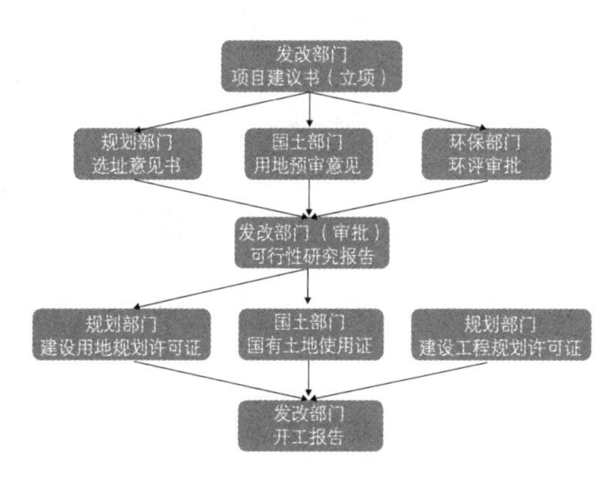

图 1　审批制项目的审批流程

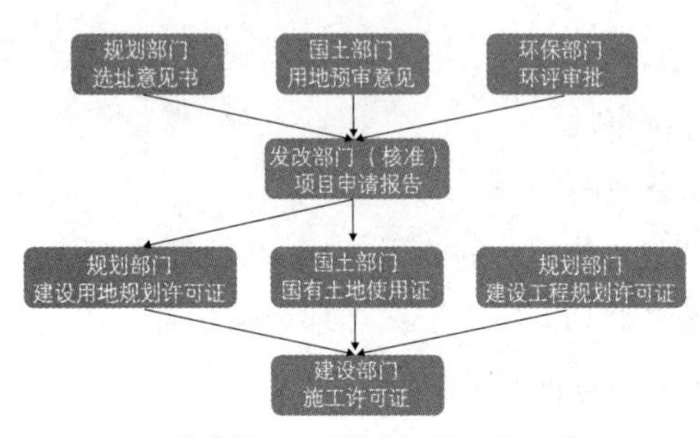

图 2　核准制项目的核准流程（重大项目，其他环评不前置于核准）

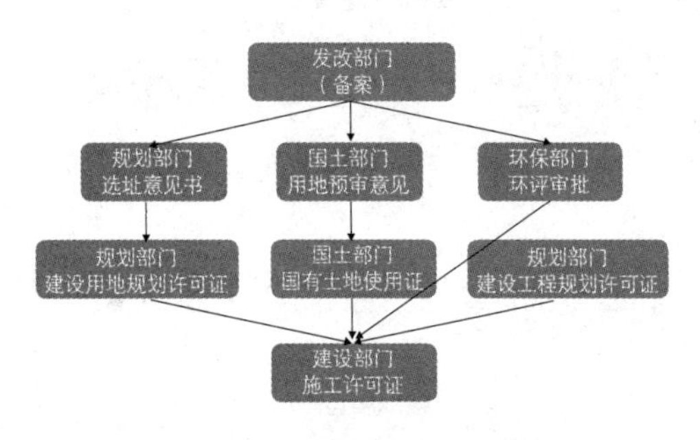

图 3　备案制项目的备案流程

环保部门审批建设项目环评文件的程序和时限是什么?

建设项目没有行业主管部门的，其环评文件由建设单位报有审批权的环境保护行政主管部门审批；建设项目有行业主管部门的，其环评文件应当经行业主管部门预审后，报有审批权的环境保护行政主管部门审批。

审批部门应当自收到环境影响报告书之日起60日内，收到环境影响报告表之日起30日内，收到环境影响登记表之日起15日内，分别作出审批决定，并书面通知建设单位。

【法律依据】《环境影响评价法》第22条、《建设项目环境保护管理条例》第10条。

在什么情况下，建设项目环评文件需要重新报批和重新审核？

对于以下情况，建设项目的环评文件需要重新审批或审核：

- 环评文件批准后（动工前），建设项目的性质、规模、地点、采用的生产工艺或者防治污染、防止生态破坏的措施发生重大变动的，建设单位应当重新报批。
- 环评文件自批准之日起超过5年，建设项目方决定开工建设的，其环评文件应当报原审批部门重新审核。原审批部门应当自收到环评文件之日起10日内，将审核意见书面通知建设单位；逾期未通知的，视为审核同意。

【法律依据】《环境影响评价法》第24条、《建设项目环境保护管理条例》第12条。

从建设项目获得环评批复到通过建设项目竣工环境保护验收（简称“环保验收”）的程序、权限、时限如何？

- 建设项目配套建设的环境保护设施必须与主体工程“三同时”（包括试生产阶段）。
- 建设项目试生产前，建设单位应向有环评文件审批权的环保部门提出试生产申请。
- 有审批权的环保部门应自接到试生产申请之日起30日内，组织或委托下一级环保部门对项目环保设施及措施的落实情况进行现场检查，并作出审查决定。逾期未作出决定的，视为同意；
- 经有审批权的环保部门同意后，建设单位方可进行试生产。
- 建设单位应当向有审批权的环保部门提出环保验收申请。
- 进行试生产的，建设单位应当自试生产之日起

3个月内，提出环保验收申请；3个月内不具备验收条件的，应当试生产3个月内申请延期验收，说明延期理由及拟验收时间。经批准后方可继续试生产；试生产时间最多不超过1年（核设施建设项目试生产的期限最长不超过2年）。

- 有审批权的环保部门应自收到环保验收申请之日起30日内，完成验收。

【小提示】建设项目环保验收申请报告（申请表或登记卡）未经批准的建设项目，不得正式投入生产或者使用。

【法律依据】《建设项目竣工环境保护验收管理办法》第6条、第7条、第8条、第9条、第10条、第14条、第17条。

建设单位申请环保验收需要提交什么材料?

根据建设项目的环境影响类别不同，建设单位需要向有审批权的环保部门提供的材料如表1所示。

表1　建设单位申请环保验收需要提交的材料

项目类别	申请环保验收需要提交的材料
编写环境影响报告书的建设项目	（1）建设项目竣工环境保护验收申请报告； （2）环境保护验收监测报告（环境污染型项目）或调查报告（生态影响型项目）
编写环境影响报告表的建设项目	（1）建设项目竣工环境保护验收申请表； （2）环境保护验收监测表（环境污染型项目）或调查表（生态影响型项目）
编写环境影响登记表的建设项目	建设项目竣工环境保护验收登记卡

【小提示】环境保护验收调查报告（表）可以委托有相应资质的评价机构编制，但此机构不得与编制该项目环境影响报告书（表）的评价机构相同。

【法律依据】《建设项目竣工环境保护验收管理办法》第11条、第12条、第13条。

建设项目需要具备什么条件，才能通过环保验收？

建设项目竣工环境保护验收条件是：

- 建设前期环境保护审查、审批手续完备，技术资料与环境保护档案资料齐全。

- 环境保护设施及其他措施等已按批准的环境影响报告书（表）或者环境影响登记表和设计文件的要求建成或者落实，环境保护设施经负荷试车检测合格，其防治污染能力适应主体工程的需要。
- 环境保护设施安装质量符合国家和有关部门颁发的专业工程验收规范、规程和检验评定标准。
- 具备环境保护设施正常运转的条件，包括：经培训合格的操作人员、健全的岗位操作规程及相应的规章制度，原料、动力供应落实，符合交付使用的其他要求。
- 污染物排放符合环境影响报告书（表）或者环境影响登记表和设计文件中提出的标准及核定的污染物排放总量控制指标的要求。
- 各项生态保护措施按环境影响报告书（表）规定的要求落实，建设项目建设过程中受到破坏并可恢复的环境已按规定采取了恢复措施。
- 环境监测项目、点位、机构设置及人员配备，符合环境影响报告书（表）和有关规定的要求。

- 环境影响报告书（表）提出需对环境保护敏感点进行环境影响验证，对清洁生产进行指标考核，对施工期环境保护措施落实情况进行工程环境监理的，已按规定要求完成。
- 环境影响报告书（表）要求建设单位采取措施削减其他设施污染物排放，或要求建设项目所在地地方政府或者有关部门采取“区域削减”措施满足污染物排放总量控制要求的，其相应措施得到落实。

【法律依据】《建设项目竣工环境保护验收管理办法》第16条。

建设项目在什么情况下需要进行后评价?

在项目建设、运行过程中产生不符合经审批的环境影响评价文件的情形的，建设单位应当组织环境影响的后评价，采取改进措施，并报原环境影响评价文件审批部门和建设项目审批部门备案；原环境影响评价文件审批部门也可以责成建设单位进行环境影响的后评价，采取改进措施。

其中，“产生不符合经审批的环境影响评价文件的情形的”一般包括以下情况：

- 在建设、运行过程中，产品方案、主要工艺、主要原材料或污染处理设施和生态保护措施发生重大变化，致使污染物种类、污染物排放强度或生态影响，与环境影响评价预测情况相比，有较大变化的。
- 在建设、运行过程中，建设项目的选址、选线发生较大变化，或运行方式发生较大变化，可能对新的环境敏感目标产生影响，或可能产生新的重要生态影响的。
- 在建设、运行过程中，当地人民政府对项目所涉及区域的环境功能作出重大调整，要求建设单位进行后评价的。
- 跨行政区域、存在争议或存在重大环境风险的。

【法律依据】《环境影响评价法》第27条。

【小提示】有关法律法规并没有规定后评价的内容、具体程序、资质要求、法律地位等。

1.3 规划环境影响评价

哪些规划需要进行环境影响评价？

国务院有关部门、设区的市级以上地方人民政府及其有关部门组织编制的下列规划需要进行环境影响评价：

- 土地利用的有关规划。
- 区域、流域、海域的建设、开发利用规划。
- 工业、农业、畜牧业、林业、能源、水利、交通、城市建设、旅游、自然资源开发的有关专项规划。

其中，前两者为综合性规划，第三项为专项规划。

省、自治区、直辖市人民政府可以根据本地的实际情况，要求对本辖区的县级人民政府编制的规划进行环境影响评价。

【法律依据】《环境影响评价法》第7条、第8条、第36条。

2004年，国家环保总局制定了《编制环境影响报告书的规划的具体范围（试行）》和《编制环境影响篇章或说明的规划的具体范围（试行）》，规定了进行环境影响评价的规划的具体范围。

规划环境影响评价可以分为哪些类别？

- 综合性规划和上述专项规划中的指导性规划需

要编制有关环境影响的篇章或者说明。

- 上述专项规划需要编制环境影响报告书。

【法律依据】《环境影响评价法》第7条、第8条。

《编制环境影响报告书的规划的具体范围(试行)》和《编制环境影响篇章或说明的规划的具体范围(试行)》分别列出了具体哪些规划需要编制环境影响报告书,哪些规划需要编制环境影响篇章或说明。

规划环评与建设项目环评有何不同?

规划环评与建设项目环评的区别在于:

- 规划是由政府部门编制,编制机关组织编写环境影响评价,需要进行环评却未进行环评的规划,规划的审批部门不予审批。
- 规划本身需要审批,但其环境影响评价不需要审批,只需要审查(专项规划的环评报告书由环保部门召集有关部门代表和专家组成审查小组审查,综合性规划以及专项规划的指导性规划直接由规划审批部门审查)。
- 审查小组对专项规划的审查意见是规划审批部门决策的重要参考,但规划审批部门不一定需要采纳。

【法律依据】《环境影响评价法》第7条、第12条、第13条、第14条;《规划环境影响评价条例》第12条、第15条、第16条、第17条、第22条。

【小提示】规划环评涉及的主体都是政府部门。

规划环评需要经过哪些程序?

第一类，需要编制环境影响篇章或说明的综合性规划或专项规划的指导性规划:

- 规划编制机关在有关规划中编写环境影响篇章或说明。
- 环境影响篇章或说明，作为规划内容的一部分，送规划审批部门审查。

第二类，需要编制环境影响报告书的专项规划:

- 规划编制机关在有关规划报送审批前，编制或组织编制环境影响报告书。
- 专项规划的环境影响报告书送相关环保部门审查。
- 相关环保部门组织审查小组，对专项规划环评报告进行审查，审查小组的成员不得是环境影响报告书编写者。
- 专项规划审批机关参考该规划的环评报告及其

审查意见，对该规划进行审批。

- 规划审批机关对环境影响报告书结论以及审查意见不予采纳的，应当逐项就不予采纳的理由作出书面说明，并存档备查。

【法律依据】《规划环境影响评价条例》第10条、第12条、第15条、第16条、第17条、第22条、第24条、第27条。

专项规划的环境影响报告书应当包括哪些内容？

专项规划的环境影响报告书应当包括如下内容：

- 实施该规划对环境可能造成影响的分析、预测和评估（资源环境承载能力分析、不良环境影响的分析和预测以及与相关规划的环境协调性分析）。
- 预防或者减轻不良环境影响的对策和措施（预防或者减轻不良环境影响的政策、管理或者技术等措施）。
- 环境影响评价的结论（规划草案的环境合理性和可行性，预防或者减轻不良环境影响的对策和措施的合理性和有效性，以及规划草案的调整建议）。

【法律依据】《环境影响评价法》第10条、《规划环境影响评价条例》第11条。

综合性规划和上述专项规划中的指导性规划的环境影响篇章或说明应当包括哪些内容?

- 规划实施对环境可能造成影响的分析、预测和评估（资源环境承载能力分析、不良环境影响的分析和预测以及与相关规划的环境协调性分析）。
- 预防或者减轻不良环境影响的对策和措施（预防或者减轻不良环境影响的政策、管理或者技术等措施）。

【法律依据】《规划环境影响评价条例》第11条。

【小提示】《环境影响评价法》中没有对综合性规划和专项指导性规划的环境影响篇章或说明的内容作出规定;《规划环境影响评价条例》的规定中，专项规划环评报告比前者多出了“环境影响评价的结论”这部分内容。

专项规划环境影响报告书的审查意见应当包括哪些内容?

- 基础资料、数据的真实性。

- 评价方法的适当性。
- 环境影响分析、预测和评估的可靠性。
- 预防或者减轻不良环境影响的对策和措施的合理性和有效性。
- 公众意见采纳与不采纳情况及其理由的说明的合理性。
- 环境影响评价结论的科学性。

【法律依据】《规划环境影响评价条例》第19条。

在什么情况下，审查小组对专项规划环境影响报告书应当提出“修改并重新审查”的意见？

- 基础资料、数据失实的。
- 评价方法选择不当的。
- 对不良环境影响的分析、预测和评估不准确、不深入，需要进一步论证的。
- 预防或者减轻不良环境影响的对策和措施存在严重缺陷的。
- 环境影响评价结论不明确、不合理或者错误的。
- 未附具对公众意见采纳与不采纳情况及其理由的说明，或者不采纳公众意见的理由明显不合理的。

- 内容存在其他重大缺陷或者遗漏的。

【法律依据】《规划环境影响评价条例》第20条。

在什么情况下，审查小组对专项规划环境影响报告书应当提出“不予通过”的意见？

- 依据现有知识水平和技术条件，对规划实施可能产生的不良环境影响的程度或者范围不能作出科学判断的。
- 规划实施可能造成重大不良环境影响，并且无法提出切实可行的预防或者减轻对策和措施的。

【法律依据】《规划环境影响评价条例》第21条。

【小提示】在不能作出科学判断的情况下，审查小组应该提出“不予通过”的意见，这点体现了环境保护中的“预防原则”。

规划环境影响的跟踪评价应当包括哪些内容？

- 规划实施后实际产生的环境影响与环境影响评价文件预测可能产生的环境影响之间的比较分析和评估。
- 规划实施中所采取的预防或者减轻不良环境影响的对策和措施有效性的分析和评估。

- 公众对规划实施所产生的环境影响的意见。
- 跟踪评价的结论。

【法律依据】《规划环境影响评价条例》第25条。

规划环境影响的跟踪评价包括哪些具体程序?

- 对环境有重大影响的规划实施后，规划编制机关应当及时组织规划环境影响的跟踪评价，将评价结果报告规划审批机关，并通报环境保护等有关部门。
- 规划实施过程中产生重大不良环境影响的，规划编制机关应当及时提出改进措施，向规划审批机关报告，并通报环境保护等有关部门。

  环境保护主管部门发现规划实施过程中产生重大不良环境影响的，应当及时进行核查。经核查属实的，向规划审批机关提出采取改进措施或者修订规划的建议。
- 规划审批机关在接到规划编制机关的报告或者环境保护主管部门的建议后，应当及时组织论证，并根据论证结果采取改进措施或者对规划进行修订。
- 规划实施区域的重点污染物排放总量超过国家

或者地方规定的总量控制指标的，应当暂停审批该规划实施区域内新增该重点污染物排放总量的建设项目的环境影响评价文件。

【法律依据】《规划环境影响评价条例》第24条、第27条、第28条、第29条、第30条。

【小提示】《规划环境影响评价条例》就规划的环境影响及其跟踪评价，对规划编制机关、环保部门、规划审批机关提出了要求。其中，最后一条为“区域限批”提供了法律依据。

第2章
环境影响评价中的信息公开

2.1 环境影响评价过程中各方应当公开的信息

建设项目环评中，建设单位应当在不同阶段分别公开哪些信息?

对于需要编制环境影响报告书的项目，建设单位应当在确定了承担环境影响评价工作的环境影响评价机构后7日内，公开如下信息：

- 建设项目的名称及概要。
- 建设项目的建设单位的名称和联系方式。
- 承担评价工作的环境影响评价机构的名称和联系方式。
- 环境影响评价的工作程序和主要工作内容。
- 征求公众意见的主要事项。

- 公众提出意见的主要方式。

建设单位或评价机构在编制环境影响报告书的过程中，应当在报送有审批权的环保部门审批或者重新审核前，公开如下信息：

- 建设项目情况简述。
- 建设项目对环境可能造成影响的概述。
- 预防或者减轻不良环境影响的对策和措施的要点。
- 环境影响报告书提出的环境影响评价结论的要点。
- 公众查阅环境影响报告书简本的方式和期限，以及公众认为必要时向建设单位或者其委托的环境影响评价机构索取补充信息的方式和期限。
- 征求公众意见的范围和主要事项。
- 征求公众意见的具体形式。
- 公众提出意见的起止时间。

【小提示】公众提出意见的时间由建设单位规定，但不得少于10个工作日。

建设项目环评中，有审批权的环保部门应当在不同阶段分别公开哪些信息？

- 在受理建设项目环境影响报告书后，应当公告环境影响报告书受理的有关信息，同时应当公开环评全本。
- 在批复之前，应当公开拟批复或拟不予批复的决定。
- 在作出审批或者重新审核决定后，应当公告审批或者审核结果（环评批复文件）。
- 验收受理后，应当公示验收监测报告（对于污染）/验收调查报告（对于生态影响）全本。
- 在批复之前，应当公开拟批复或拟不予批复的决定。
- 在进行建设项目竣工环境保护验收后，应当公布验收结果（验收批复）。

【小提示】在受理环评报告书之前，有审批权的环保部门并没有公开环评报告书的义务。

【法律依据】《环境影响评价公众参与暂行办法》第8条、第9条、第12条、第13条，《环境信息公开办法（试行）》第11条、《关于进一步加强环境保护信息公开工作的通知》第2项;《建设项目环境影响评价政府信息公开指南（试行）》。

环评简本应该包括哪些信息?

详见《建设项目环境影响报告书简本编制要求》（网上可查到）。

公众还可以申请公开建设项目环评中的哪些其他信息?

《环境信息公开办法（试行）》第12条规定，经权利人同意或者环保部门认为不公开可能对公共利益造成重大影响的涉及商业秘密、个人隐私的政府环境信息，环保部门可以予以公开。与环境影响评价相关的下述材料，公众可以申请公开：

- 建设单位或评价机构、有审批权的环保部门应当将所回收的反馈意见的原始资料存档备查。因此，公众可以申请公开这些反馈意见。
- 有审批权的环保部门可以组织专家咨询委员会，由其对环境影响报告书中有关公众意见采纳情况的说明进行审议，判断其合理性并提出处理建议。因此，公众可以申请公开这些处理建议。

- 有审批权的环保部门对公众意见较大的建设项目，可以采取调查公众意见、咨询专家意见、座谈会、论证会、听证会等形式再次公开征求公众意见。而座谈会应该保存会议纪要，论证会保存论证结论，听证会保存听证笔录，公众可以申请公开这些材料。

【法律依据】《环境影响评价公众参与暂行办法》第13条、第16条、第17条、第23条、第31条。

【小提示】由建设单位或评价机构组织的座谈会、论证会和听证会，其会议材料一般也会发给有审批权的环保部门，公众也可以向后者申请公开。

专项规划环评中的各方应当公开哪些信息？公众可以申请公开哪些信息？

依照《政府信息公开条例》，县级以上各级人民政府及其部门应当主动公开国民经济和社会发展规划、专项规划、区域规划。但是，相关政府部门可能会认为，这里所指的“专项规划”是经审批后的专项规划，未经环评的专项规划草案不包括在此列。然而，行政机关制作的政府信息，由制作该政府信息的行政机关负责公开，并且行政机关认为不公开可能对公共利益

造成重大影响的涉及商业秘密、个人隐私的政府信息，可以予以公开。

【法律依据】《政府信息公开条例》第10条、第14条、第17条。

相关法律法规并未规定专项规划编制机关、专项规划环境影响报告书审查机关和专项规划审批机关应当主动公开哪些信息，但公众可以申请公开如下信息：

- 向专项规划编制机关申请公开：环境影响报告书（及其草案），有关单位、专家和公众对环境影响报告书草案的意见，以及编制机关对意见采纳或者不采纳的说明。
- 向审查机关申请公开：环境影响报告书，有关单位、专家和公众对环境影响报告书草案的意见和编制机关对意见采纳或者不采纳的说明，以及审查机关的审查意见。
- 向审批机关申请公开：环境影响报告书，审查机关的审查意见，审批机关未采纳审查意见中关于公众参与内容的处理建议时所作出的说明，审批机关就不予采纳环评报告书结论或审查意见的理由作出的逐项说明。

【小提示】在专项规划环评中，只有环评报告书的审查机关是环保部门，一般来说，规划编制机关和规划审批机关都不是环保部门，因此不适用《环境信息公开办法（试行）》；公众向后两者申请公开的依据可以是《政府信息公开条例》。

【法律依据】《规划环境影响评价条例》第22条。

在依申请公开的情况下，政府部门在回复中有哪些义务？

- 分情况回复；对申请公开的政府信息，行政机关根据下列情况分别作出答复：
  - 属于公开范围的，应当告知申请人获取该政府信息的方式和途径。
  - 属于不予公开范围的，应当告知申请人并说明理由。
  - 依法不属于本行政机关公开或者该政府信息不存在的，应当告知申请人，对能够确定该政府信息的公开机关的，应当告知申请人该行政机关的名称、联系方式。
  - 申请内容不明确的，应当告知申请人作出更改、补充。

- 公开可以公开的内容。
- 涉及隐私的，应征求第三方意见；但不公开可能影响公共利益的，应予以公开。
- 15个工作日内回复，如需延期回复，延期时间不得超过15个工作日。
- 按照申请人要求的形式回复；无法做到的，可以安排申请人查阅、提供复印件或其他形式。

【法律依据】《政府信息公开条例》第21条、第22条、第23条、第24条、第26条。

【小提示】征求第三方意见的时间不计算在15个工作日内，而且理论上第三方回复可以无限期拖延。

2.2 信息的获取方式

在建设项目环境影响报告书报批前，建设单位或评价机构通过什么方式公布信息？

建设单位或评价机构公布信息公告，可以通过以下方式：

- 在建设项目所在地的公共媒体上发布公告。
- 公开免费发放包含有关公告信息的印刷品。

- 其他便利公众知情的信息公告方式。

建设单位或评价机构公开便于公众理解的环境影响评价报告书的简本，可以通过以下一种或多种方式：

- 在特定场所提供环境影响报告书的简本。
- 制作包含环境影响报告书的简本的专题网页。
- 在公共网站或者专题网站上设置环境影响报告书的简本的链接。
- 其他便于公众获取环境影响报告书的简本的方式。

【法律依据】《环境影响评价公众参与暂行办法》第10条、第11条。

【小提示】现行法律法规规定，建设单位或评价机构应当公布环评简本，但未对公布环评简本的方式作出强制性规定，而是由建设单位自行规定；建设单位可能以并不便于公众获取的方式公布环评简本。

在建设项目环境影响报告书报批后，有审批权的环保部门通过什么方式公布信息？

环保部门公布受理情况、环评简本、审批结果和验收结果，一般都通过本部门的政府网站。

有审批权的环保部门未主动公开上述信息，公众如何维护自己的知情权？

公众认为行政机关不依法履行政府信息公开义务的，可以向上级行政机关、监察机关或者政府信息公开工作主管部门举报；认为行政机关在政府信息公开工作中的具体行政行为侵犯其合法权益的，可以依法申请行政复议或者提起行政诉讼。

【法律依据】《政府信息公开条例》第33条。

公众如何通过申请信息公开的方式获取有关的环评信息？

以向环保部申请为例，可以通过以下方式申请信息公开：[①]

- 当面提交申请人下载打印并如实填写《环境保护部政府信息公开申请表》（见附录4）后，到环境保护部政府信息申请公开办理场所，当面递交申请表。
- 邮寄信函，申请人下载打印并如实填写《环境保护部政府信息公开申请表》后，通过信

① 详见 http://websearch.mep.gov.cn/apply/sqgk/applyform_add.html。

函方式邮寄至环境保护部办公厅，请在信封左下角注明“政府信息公开申请”字样，邮寄地址：北京市西直门南小街115号，邮编：100035。

- 电子邮件，请人下载并如实填写《环境保护部政府信息公开申请表》后，通过电子邮件方式发送至环境保护部政府信息公开电子邮箱（zwgk@mep.gov.cn）提交申请。
- 在线申请，环境保护部开通了政府信息公开在线申请系统http://websearch.mep.gov.cn/apply/sqgk/applyform_sqgk.html。

公众申请信息公开需要注意哪些事项？

- 在地方环保部门没有具体规定的情况下，可以按照环保部公布的方式，以及采用《环境保护部政府信息公开申请表》，向地方环保部门申请信息公开。
- 一事一申请，一张申请表最好只填写一项申请信息。
- 注意保存申请材料，以便在环保部门回复不符合规范的情况下，为申请行政复议或进行行政诉讼提供证据；保存申请材料需要注意：

- 邮寄时应使用挂号信，并保存票根。挂号信能确保在环保部门收到时，留下签收记录和签收时间。
- 对申请人签字、单位盖章后的申请书，应拍照留底。

2.3 环评公众参与网简介

环评公众参与网（中国环评地图）是一个基于地图的环境影响评价公众参与数据库平台，主要集成涉及环境影响评价的环评项目信息、环评单位信息、审批单位（环保部门）信息。环评项目信息包括项目4次公示、环评简本、环评全本、审批报告、验收报告；环评单位信息包括其所承担编制项目信息和其违规信息；审批单位信息包括其审批验收项目信息和环评专家库信息。

环评公众参与网是一个基于公众参与的数据平台，公众可以对每一个在公示期的项目进行评价，网站后台会自动整合评价信息，经网站运营方整理后，把评价意见发送给相关环评单位、项目业主和审批单位；网站也开发有环评订阅功能，公众可以订阅某个地方其所关心的行业的环评信息，当网站上传相关信息后，会发送邮件至订阅人以提醒其参与评价。

环评公众参与网现已上传了环评项目信息8000条，环评单位信息1158条，审批部门信息3000多条，记录了400多个环评单位的违规信息，积累了部分审批部门的审批专家库信息。预计到2013年年底，网站会记录信息总量超过50000条，2014年年底，记录信息总量超过100000条。即时，网站将成为国内的环评数据最为丰富的数据库平台，将成为公众、环保组织、企业、媒体、环评公司、环保部门综合使用的环评数据库平台。

环评公众参与网是一个开放、共享的公众参与数据库网站，由重庆两江志愿服务发展中心发起，每个省、直辖市、自治区选择一个环保组织作为合作伙伴，主要负责:（1）所属行政区域内的环评信息收集、整理、上传、省级周报编制;（2）招募、指导和维护地级市网站管理志愿者;（3）区域内环评文本审核和现场审核;（4）联合发布研究报告。每个地级市选择一个志愿者作为管理员，负责所在地级市环境数据的收

集、整理、上传。

环评公众参与网公益产品规划：

（1）基本产品（部分）

环评项目数据库：收集国内各环评单位、各级环保部门发布的环评公示信息、环评简本信息、环评全本信息、环评审批信息、环评验收信息、环评单位信息、环评单位违法违规信息、审批单位信息、审批单位专家库信息等内容，为国内最大的环境影响评价综合性数据库。

环评文本审核：对环评发布的一次公示、二次公示、审批公示、验收公示、环评简本、环评全本进行文本审核，掌握其环评的程序违法违规、工程分析不合理，公众参与不充分等问题，督促其整改或停止项目。

环评现场审核：作为公益组织，对高风险的建设项目的环境影响评价进行实地调查，包括环境基础信息，公众态度，建设项目的风险程度以及防治措施的有效性评估等内容，调查其问题，督促问题项目整改或停止项目。

环评重点行业省级周报：每周针对省内的高环境

风险行业和项目，编辑省级周报，通过微博、微信、BBS、订阅用户进行传播，提醒受影响人群参与环境影响评价。

（2）应用产品（举例）

重大自然灾害点源污染识别：当发生重大自然灾害时，可以利用网站地理和行业检索，直接快速识别灾害点附近的高环境风险点源，以快速开展污染防治工作。

区域PM2.5变化趋势研究：利用环境影响评价的预测性排放数据，可掌握某区域的PM2.5绝对增量，以预测该区域的PM2.5增量趋势。

环评公众参与网网址：http://www.gzcy.org。

第 3 章
环境影响评价公众参与

3.1 环境影响评价公众参与的基本概念和范围

环评公众参与是什么？它有什么效力？

现行法律法规并没有对环境影响评价公众参与下定义，但从《环境影响评价法》《环境影响评价公众参与暂行办法》来看，环评公众参与是指建设单位或其委托的评价机构、环评审批部门向公众征集意见，并对公众意见进行反馈，公众通过提出意见对环评进行影响的过程。需要注意的是，公众在环评中的角色是参与、介入、咨询，并不意味着“决定”。《环境影响评价法》规定，公众参与是加入、参加、咨询，因而参与不是决策主体内部的行为，而是一种由外向内的渗入、介入。所以，就参与行为本身而言，它并不意味着“决定”，而是属于“涉入”性质的。《公众参与环境影响评价制度研究》[①]指出建设项目环境影响报告书的审批权（决策权）属于环保部门，有审批权的环保部门同时也负责建设项目环保验收。尽管如此，《环境影响评价法》还规定，建设单位报批的环境影响报告书应当附具对有关单位、专家和公众的意见采纳或者不采纳的说明；《环境影响评价公众参与暂行办法》则进一步提出，按照国家规定应当征求公众意见的建设项目，其环境影响报告书中没有公众参与篇章的，环境保护行政主管部门不得受理。

环评公众参与的对象是什么？

简而言之，按照目前的法律规定，只有需要编制环境影响报告书的建设项目和专项规划应当进行公众参与。具体可以分为以下情况：

- 对环境可能造成重大影响、应当编制环境影响报告书的建设项目。
- 环境影响报告书经批准后，项目的性质、规

① 李艳芳 . 公众参与环境影响评价制度研究［M］. 北京：中国人民大学出版社，2004.

模、地点、采用的生产工艺或者防治污染、防止生态破坏的措施发生重大变动，建设单位应当重新报批环境影响报告书的建设项目。

- 环境影响报告书自批准之日起超过5年方决定开工建设，其环境影响报告书应当报原审批机关重新审核的建设项目。
- 工业、农业、畜牧业、林业、能源、水利、交通、城市建设、旅游、自然资源开发的有关专项规划，可能造成不良环境影响并直接涉及公众环境权益的，应当在该规划草案报送审批前，征求公众意见。

【法律依据】《环境影响评价公众参与暂行办法》第2条、第33条。

【小提示】按照现行法律法规，编制环境影响报告表或登记表的建设项目，以及上述专项规划之外的规划，对公众参与没有要求。

公众参与的目的是什么？

公众参与的目的：

- 维护公众合法的环境权益，在环境影响评价中体现以人为本的原则。

- 更全面地了解环境背景信息，发现潜在环境问题，提高环境影响评价的科学性和针对性。
- 提高环保措施的合理性和有效性。

【法律依据】《环境影响评价技术导则 公众参与（征求意见稿）》。

建设项目环评中的“公众”包括哪些单位和个人？

所有受建设项目影响或可以影响建设项目的单位和个人（即建设项目的利益相关方），是环境影响评价中广义的公众：

- 受建设项目直接影响的单位和个人。如居住在项目环境影响范围内的个人；在项目环境影响范围内拥有土地使用权的单位和个人；利用项目环境影响范围内某种物质作为生产生活原料的单位和个人；建设项目实施后，因各种客观原因需搬迁的单位和个人。
- 受建设项目间接影响的单位和个人。如移民迁入地的单位和个人；拟建项目潜在的就业人群、供应商和消费者；受项目施工、运营阶段原料及产品运输、废弃物处置等环节影响的

单位和个人；拟建项目同行业的其他单位或个人；相关社会团体或宗教团体。

- 有关专家。特指因具有某一领域的专业知识，能够针对建设项目某种影响提出权威性参考意见，在环境影响评价过程中有必要进行咨询的专家。
- 关注建设项目的单位和个人。如各级人大代表、各级政协委员、相关研究机构和人员、合法注册的环境保护组织。
- 建设项目的投资单位或个人。
- 建设项目的设计单位。
- 环境影响评价单位。
- 环境行政主管部门。
- 其他相关行政主管部门。

所有受建设项目影响或可以影响建设项目的单位和个人，但不直接参与建设项目的投资立项、审批和建设等环节的利益相关方（即环境影响评价的公众范围），是环境影响评价中狭义的公众：

- 受建设项目直接影响的单位和个人。
- 受建设项目间接影响的单位和个人。

- 有关专家。
- 关注建设项目的单位和个人。

建设项目环境影响评价应重点围绕主要的利益相关方（即核心公众群）开展公众参与工作，保证他们以可行的方式获取信息和发表意见：

- 受建设项目直接影响的单位和个人。
- 项目所在地的人大代表和政协委员。
- 有关专家。

【法律依据】《环境影响评价技术导则　公众参与（征求意见稿）》。

【小提示】实际上无论地域远近，环保组织对某个建设项目都可以根据自己关注的环境问题领域提出意见。

评价机构组织的公众参与过程具体如何操作？

2006年颁布的《环境影响评价公众参与暂行办法》第38条已经作出规定：公众参与环境影响评价的技术性规范，由《环境影响评价技术导则　公众参与》规定。但该导则2011年才发布征求意见稿，而且至今尚未正式出台。

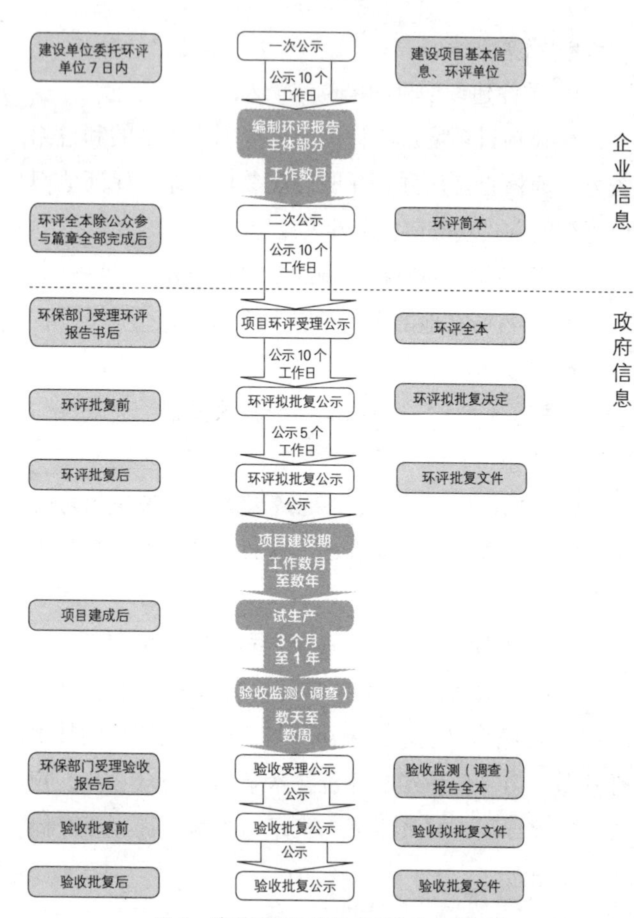

图4　建设项目环境影响评价公众参与图

3.2 公众参与建设项目环境影响评价的程序和保障方式

公众在建设项目环评的哪些阶段可以参与？

建设单位或者其委托的环境影响评价机构，应该在以下两个阶段征求公众意见，期限分别都不得少于10日，并确保其公开的有关信息在整个征求公众意见的期限之内均处于公开状态。

- 第一次公示。建设单位应当在确定了承担环境影响评价工作的环境影响评价机构后7日内，向公众公开相关信息（公示信息内容详见本书第2.1节）。
- 第二次公示。建设单位或者其委托的环境影响评价机构在编制环境影响报告书的过程中，应当在报送环保部门审批或者重新审核前（此时环境影响报告书的其余章节已经完成，仅剩公众参与篇章有待完成），向公众公开相关信息（公示信息内容详见本书第2.1节）。

【法律依据】《环境影响评价公众参与暂行办法》第8条、第9条、第12条。

有审批权的环保部门应当在以下阶段公开信息，并且征求公众意见：

- 审批受理公示。在受理建设项目环境影响报告书后，公告环境影响报告书受理的有关信息，期限不得少于10日。
- 批复公示。在作出审批或者重新审核决定后，应当在政府网站公告审批或者审核结果。
- 验收公示。在进行建设项目竣工环境保护验收后，应当公布验收结果。

【法律依据】《环境影响评价公众参与暂行办法》第13条、第39条，《关于进一步加强环境保护信息公开工作的通知》第2项。

【小提示】10日指10个工作日，不包括节假日。建设单位或其委托的评价机构在两个公示阶段内可以自行规定分别不少于10日的征求公众意见期限。有审批权的环保部门公告环评报告书受理信息的期限不得少于10日。尽管如此，这并不意味着公众只能在这3个不少于10日的时段内进行参与；按照《环境影响评价公众参与暂行办法》第14条，只要公众得知了已公开的信息，在整个环评阶段都可以向建设单位、评价机构和有审批权的环保部门提交书面意见。

除了上述信息公开义务之外，建设项目环评中的各方对保障公众参与有什么义务？

- 建设单位或评价机构应当在建设项目环境影响报告书中，编制公众参与篇章。
- 建设单位或评价机构应当在发布信息公告、公开环境影响报告书的简本后，采取调查公众意见、咨询专家意见、座谈会、论证会、听证会等形式，公开征求公众意见。
- 建设单位或评价机构可以通过适当方式，在环境影响报告书报批或者重新审核前，向提出意见的公众反馈意见处理情况。
- 环保部门在公开征求意见后，对公众意见较大的建设项目，可以采取调查公众意见、咨询专家意见、座谈会、论证会、听证会等形式再次公开征求公众意见。
- 建设单位或评价机构、环保部门应当将所回收的反馈意见的原始资料存档备查。
- 建设单位或评价机构，应当认真考虑公众意见，并在环境影响报告书中附具对公众意见采纳或者不采纳的说明。

- 环保部门可以组织专家咨询委员会，由其对环境影响报告书中有关公众意见采纳情况的说明进行审议，判断其合理性并提出处理建议；在作出审批决定时，应当认真考虑专家咨询委员会的处理建议。
- 有审批权的环保部门认为必要时，可以对公众意见进行核实。

【法律依据】《环境影响评价公众参与暂行办法》第6条、第12条、第13条、第16条、第17条、第18条，《环境保护行政许可听证暂行办法》第6条。

公众在建设项目环评中有什么参与权利?

- 公众可以在有关信息公开后，以信函、传真、电子邮件或者按照有关公告要求的其他方式，向建设单位或评价机构、有审批权的环保部门，提交书面意见。
- 公众认为建设单位或评价机构对公众意见未采纳且未附具说明的，或者对公众意见未采纳的理由说明不成立的，可以向有审批权的环保部门反映，并附具明确具体的书面意见。

- 由于有审批权的环保部门公告环境影响报告书后，对公众意见较大的建设项目，可以采取调查公众意见、咨询专家意见、座谈会、论证会、听证会等形式再次公开征求公众意见。因此，公众可以申请环保部门组织听证会，以发表意见。

【法律依据】《环境影响评价公众参与暂行办法》第14条、第18条、第13条。

建设项目环评公众参与的方式包括哪几类？分别如何进行？

按照相关法律法规，建设项目环评公众参与的方式主要有：调查公众意见、咨询专家意见、座谈会、论证会和听证会。其中座谈会和论证会的程序类似；现行规范对听证会的规定最为详细。公众参与一般在环评报告书编制阶段由建设单位或评价机构进行；但有审批权的环保部门在受理环评报告书后，如果发现公众意见较大，可以再次公开征求公众意见。

调查公众：

- 应当在环境影响报告书的编制过程中完成。
- 采取问卷调查方式征求公众意见的，调查内容的设计应当简单、通俗、明确、易懂，避免设计可能对公众产生明显诱导的问题。

- 问卷的发放范围应当与建设项目的影响范围相一致。
- 问卷的发放数量应当根据建设项目的具体情况，综合考虑环境影响的范围和程度、社会关注程度、组织公众参与所需要的人力和物力资源以及其他相关因素确定。

咨询专家意见：

- 可以采用书面或者其他形式。
- 接受咨询的专家个人和单位应当对咨询事项提出明确意见，并以书面形式回复；对书面回复意见，个人应当签署姓名，单位应当加盖公章。
- 集体咨询专家时，有不同意见的，接受咨询的单位应当在咨询回复中载明。

座谈会或者论证会：

- 应当根据环境影响的范围和程度、环境因素和评价因子等相关情况，合理确定座谈会或者论证会的主要议题。
- 应当在座谈会或者论证会召开7日前，将座谈会或者论证会的时间、地点、主要议题等事项，书面通知有关单位和个人。

- 应当在座谈会或者论证会结束后5日内，根据现场会议记录整理制作座谈会议纪要或者论证结论，并存档备查。会议纪要或者论证结论应当如实记载不同意见。

听证会：

听证会是各种公众参与方式中，规定最为详细、组织最为正式的一种。《环境影响评价公众参与暂行办法》第24~32条对听证会组织方、会前通知方式和内容、参会代表的申请和遴选、会议人员配置和人数（主持人、记录员、参会代表、旁听人、新闻单位）、参会者纪律、听证会程序、笔录内容和程序等，作出了详细规定。

【法律依据】《环境影响评价公众参与暂行办法》第13条、第15条、第24~32条。

【小提示】按照现行法律法规规定，环境影响评价相关方在环评的哪个阶段需要进行公众参与，以及将对公众意见采纳或不采纳的说明纳入环境影响报告书，是强制性的，但公众参与具体采取哪种方式，并

不具有强制性。

3.3 公众参与专项规划环境影响评价的程序和保障方式

专项规划环评中的各方对保障公众参与有什么义务?

- 专项规划的编制机关，对可能造成不良环境影响并直接涉及公众环境权益的规划，应当在该规划草案报送审批前，举行论证会、听证会，或者采取其他形式，征求有关单位、专家和公众对环境影响报告书草案的意见。
- 专项规划的编制机关应当认真考虑有关单位、专家和公众对环境影响报告书草案的意见，并应当在报送审查的环境影响报告书中附具对意见采纳或者不采纳的说明。
- 具有审查权的环保部门，在召集有关部门专家和代表对开发建设规划的环境影响报告书中有关公众参与的内容进行审查时，应当重点审查以上两点。
- 环境保护行政主管部门组织对开发建设规划的

环境影响报告书提出审查意见时，应当就公众参与内容的审查结果提出处理建议，报送审批机关。

- 审查机关组织的审查小组对未附具对公众意见采纳与不采纳情况及其理由的说明，或者不采纳公众意见的理由明显不合理的情况，应当提出对环境影响报告书进行修改并重新审查的意见。
- 审批机关在审批中应当充分考虑公众意见以及前款所指审查意见中关于公众参与内容审查结果的处理建议；未采纳审查意见中关于公众参与内容的处理建议的，应当作出说明，并存档备查。
- 听证会：有关单位、专家和公众的意见与专项规划的环境影响评价结论有重大分歧的，规划编制机关应当采取论证会、听证会等形式进一步论证。

【法律依据】《环境影响评价公众参与暂行办法》第33条、第34条、第35条、第36条，《规划环境影响评价条例》第13条、第20条，《环境行政许可听证暂行办法》第6条、第7条。

【小提示】现行法律法规对专项规划环境影响评价公众参与的方式和内容，规定较为简单；对综合性规划和专项规划的指导性规划的环境影响评价未作出公众参与的具体要求。但《规划环境影响评价条例》第13条有一个举办听证会、论证会的强制条款。

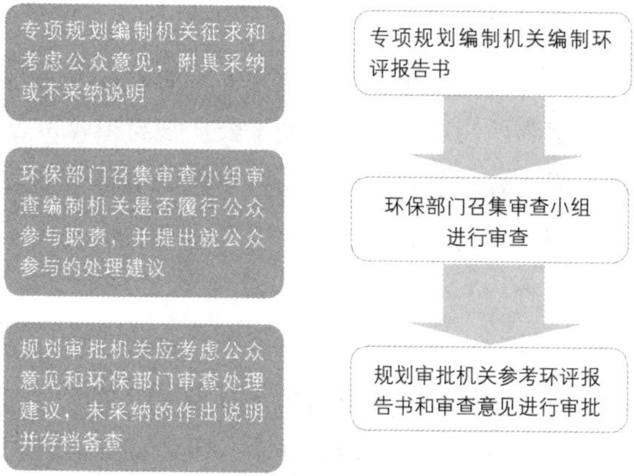

专项规划编制机关编制环评报告书

专项规划编制机关征求和考虑公众意见，附具采纳或不采纳说明

环保部门召集审查小组进行审查

环保部门召集审查小组审查编制机关是否履行公众参与职责，并提出就公众参与的处理建议

规划审批机关参考环评报告书和审查意见进行审批

规划审批机关应考虑公众意见和环保部门审查处理建议，未采纳的作出说明并存档备查

图5　专项规划环境影响评价公众参与图

第4章
环境影响评价中各方的法律责任

4.1 建设项目环境影响评价中各方的法律责任

建设单位及其工作人员在什么情况下需要承担法律责任？需要承担什么样的法律责任？

- 建设单位未依法报批、重新报批或者报请重新审核环评文件，擅自开工建设的，有权审批环评文件的环保部门责令停止建设，限期补办手续；逾期不补办的，可以处5万～20万元罚款，对建设单位直接负责的主管人员和其他直接责任人员，依法给予行政处分。
- 建设项目环评文件未经批准或原审批部门重新审核同意，建设单位擅自开工建设的，有权审批环评文件的环保部门责令停止建设，可以处

5万～20万元罚款，对建设单位直接负责的主管人员和其他直接责任人员，依法给予行政处分。

【法律依据】《环境影响评价法》第31条。

需要注意的是：

- 第一种情况是建设单位未报批；第二种情况是已经报批，但尚未得到有审批权的环保部门批准。
- 第一种情况限期补办环评的期限由有权的环保部门规定。
- 第一种情况有权的环保部门只能先责令建设单位限期补办手续，逾期才能罚款、追究有关人员责任；第二种情况有权的环保部门可以直接罚款，并且追究有关人员责任。
- 只有在建设单位是国有企业、全民所有制企业和城镇集体所有制企业的情况下，才能给予有关责任人员行政处分。
- 按照目前的规定，除了上一条所列情况外，建设单位有关责任人员无需承担法律责任。

《建设项目环境保护管理条例》第24条、第25条规定与《环境影响评价法》不同：

- 一是罚款限额是0 ～ 10万元。
- 二是没有追究有关责任人员的行政责任。
- 三是第二种情况有权部门在责令停止建设的同时，应要求建设单位限期恢复原状。

预审、审核、审批部门及其工作人员在什么情况下需要承担法律责任？需要承担什么样的法律责任？

- 建设项目未依法进行环评，或环评文件未经批准，审批部门擅自批准该项目建设的，对直接负责的主管人员和其他直接责任人员，由上级机关或者监察机关依法给予行政处分；构成犯罪的，依法追究刑事责任。
- 负责预审、审核、审批环评文件的部门在审批中收取费用的，由其上级机关或者监察机关责令退还；情节严重的，对直接负责的主管人员和其他直接责任人员依法给予行政处分。
- 环保部门或者其他部门的工作人员徇私舞弊，滥用职权，玩忽职守，违法批准建设项目环境影响评价文件的，依法给予行政处分；构成犯罪的，依法追究刑事责任。

【法律依据】《环境影响评价法》第32条、第34条、第35条。

需要注意，以下部门的分别所指：

- 上述第一种情况的“审批部门”是指审批建设项目的部门：基本建设项目由发展和改革部门审批，城市发展建设项目由建设管理部门审批，楼堂馆所等由工商管理部门审批。
- 预审部门是指某些建设项目的行业主管部门。审核部门是指海岸工程环评报告书提出审核意见的海洋行政管理部门，以及对建设项目环评文件负责重新审核的原审批部门。审批部门是指有审批权的环保部门。

违法批准建设项目环境影响评价文件，是指以下情况：

- 未按分类管理规定编报环评文件而受理批准的。
- 环评文件有严重漏项或错误，批准后建设项目实施造成重大环境影响和经济损失的。
- 应征求公众意见而未征求的，造成环境影响和不良社会影响的。

- 越权受理和批准环评文件的。

《环境影响评价法律法规》《全国环境影响评价工程师职业资格考试系列参考教材：环境影响评价相关法律法规（2013）》。

追究刑事责任，是指以下情况：

- 国家机关工作人员滥用职权或者玩忽职守，致使公共财产、国家和人民利益遭受重大损失的，处3年以下有期徒刑或者拘役；情节特别严重的，处3年以上7年以下有期徒刑。
- 国家机关工作人员徇私舞弊，犯前款罪的，处5年以下有期徒刑或者拘役；情节特别严重的，处5年以上10年以下有期徒刑。本法另有规定的，依照规定。

【法律依据】《刑法》第397条（滥用职权罪、玩忽职守罪）。

【小提示】对于应该重新报批或申请重新审核的建设项目，有审批权的环保部门没有要求建设单位重新报批或申请重新审核，就通过验收的，有关法律法规没有规定有关责任人的法律责任。

评价机构及其工作人员在什么情况下需要承担法律责任？需要承担什么样的法律责任？

评价机构不负责任或者弄虚作假，致使环评文件失实的，由授予环评资质的环保部门降低其资质等级或者吊销其资质证书，并处所收费用1倍以上3倍以下的罚款；构成犯罪的，依法追究刑事责任。同时依据有关规定对主持该环境影响评价文件的环境影响评价工程师注销登记。

【法律依据】《环境影响评价法》第33条、《建设项目环境影响评价资质管理办法》第35条。

值得注意的是，环境影响评价机构在环评工作中弄虚作假，对造成的环境污染和生态破坏负有责任的，除依照有关法律法规规定予以处罚外，还应当与造成环境污染和生态破坏的其他责任者承担连带责任。也就是说，如果环评弄虚作假导致污染而发生民事赔偿，环评单位也将受到重大经济损失。

【法律依据】《环保法》第65条。

评价机构的资质证书由环保部统一管理。环保部在审批、抽查或考核中发现评价机构主持完成的环评报告书或报告表质量较差，有下列情形之一的，环保部视情节轻重，分别给予警告、通报批评、责令限期整改3 ~ 12个月、缩减评价范围或者降低资质等级，其中责令限期整改的，评价机构在限期整改期间，不得承担环境影响评价工作：

- 建设项目工程分析出现较大失误的。
- 环境现状描述不清或环境现状监测数据选用有明显错误的。
- 环境影响识别和评价因子筛选存在较大疏漏的。
- 环境标准适用错误的。
- 环境影响预测与评价方法不正确的。
- 环境影响评价内容不全面、达不到相关技术要求或不足以支持环境影响评价结论的。
- 所提出的环境保护措施建议不充分、不合理或不可行的。
- 环境影响评价结论不明确的。

【法律依据】《环境影响评价法》第19条、《建设项目环境影响评价资质管理办法》第38条。

追究刑事责任，是指：

- 承担资产评估、验资、验证、会计、审计、法律服务等职责的中介组织的人员故意提供虚假证明文件，情节严重的，处5年以下有期徒刑或者拘役，并处罚金。

- 对评价单位可以同时判处罚金。

【法律依据】《刑法》第229条、第231条。

4.2 建设项目竣工环境保护验收中各方的法律责任

建设单位在什么情况下需要承担法律责任？需要承担什么样的法律责任？

- 建设项目试生产中，配套的环保设施未与主体工程同时投入试运行的，有环评文件审批权的环保部门责令建设单位限期改正；逾期不改正的，责令停止试生产，可以处0～5万元罚款。
- 建设项目试生产超过3个月而未申请环保验收的，有环评文件审批权的环保部门责令建设单位限期办理环保验收手续；逾期不改正的，责令停止试生产，可以处0～5万元罚款。
- 建设项目配套环保设施未建成、未验收或验收不合格，主体工程就正式投产或使用的，有环评文件审批权的环保部门责令停止生产或使用，可以处0 ~ 10万元罚款。

【法律依据】《建设项目环境保护管理条例》第26条、第27条、第28条。

【小提示】按照目前的规定，建设单位有关责任人员无需承担法律责任。

环境保护行政主管部门工作人员在什么情况下需要承担法律责任？需要承担什么样的法律责任？

环保部门工作人员的违法行为主要包括：

- 对不符合验收条件的建设项目，通过环境保护验收。
- 利用职权，不按照有关规定，对不符合验收条件的建设项目，通过环境保护验收。
- 对符合验收条件的建设项目，拒绝通过环境保护验收。
- 工作不认真，在验收工作中造成重大失误，引起不良后果。

环保部门工作人员徇私舞弊、滥用职权、玩忽职守，构成犯罪的，依法追究刑事责任；尚不构成犯罪的，依法给予行政处分。

【法律依据】《建设项目环境保护管理条例》第30条。

4.3 规划环境影响评价中各方的法律责任

规划编制机关有关人员在什么情况下需要承担法律责任？

组织环境影响评价时弄虚作假或者有失职行为，造成环境影响评价严重失实的，即规划编制机关只有在存在违法行为，并且环评严重失实的，才需要承担法律责任。

“弄虚作假或有失职行为”一般包括下列情况：

- 应当在规划编制过程中组织进行环境影响评价而未作环境影响评价的。
- 按规定应当提交环境影响报告书而未编制环境影响报告书，只在规划中编写该规划有关环境影响的篇章或说明的。
- 应征求有关单位、专家和公众对环境影响报告书草案的意见而未征求的。
- 报送审查的环境影响报告书中不附公众意见是否采纳说明的。
- 规划编制机关组织进行环境影响评价时，提供虚假情况或资料，或者工作不负责任，致使评价结论失实的。

“环境影响评价严重失实”可以从以下方面判定：

- 审查小组审查环境影响报告书时，认为规划编制机关有弄虚作假或失职行为，环境影响评价结果有误，严重失实，并且就此提出书面审查意见的。
- 规划实施后进行跟踪评价，发现实施后的社会效益、环境效益与环评结果明显差异，严重失实，带来不良社会影响或环境影响的。
- 规划实施后，社会效益、环境效益与环评结果明显差异，带来不良社会影响或环境影响，被公众举报的。

【小提示】根据上述条件，要从公众的视角认定“环境影响评价严重失实”，从而规划编制机关有关人员需要负责，是比较困难的。

规划编制机关有关人员需要承担什么样的法律责任？

规划编制机关组织环境影响评价时弄虚作假或者有失职行为，造成环境影响评价严重失实的，对直接负责的主管人员和其他直接责任人员，由上级机关或

者监察机关依法给予行政处分。

【法律依据】《环境影响评价法》第29条、《规划环境影响评价条例》第31条。

- 直接负责的主管人员，是指在规划编制机关中直接负责规划编制并对规划编制违法行为负有直接领导责任的人员，包括对违法行为作出决定或事后对违法行为予以认可和支持，或因疏于管理和放任，对违法行为有不可推卸责任的领导人员。其他直接责任人员，是指在规划编制过程中没有依法组织进行环境影响评价、直接实施违法行为的规划编制工作人员。
- 上级机关，是指规划编制机关的上级行政主管部门。国务院是国务院有关部门和省、自治区、直辖市人民政府的上级机关；省、自治区人民政府是其所属部门和设区的市级人民政府的直接上级机关；设区的市级人民政府是其所属有关部门的直接上级机关。
- 规划编制机关的违法人员，由上级机关按照《公务员法》予以行政处分，监察机关按照《行政监察法》作出监察决定或监察建议，按国家人事管理权限和处理程序的规定办理。

【小提示】由于规划编制机关（以及下面将提到的规划审批机关）是政府部门，因此处罚的是违法人员，而不对机构进行处罚。

规划审批机关有关人员在什么情况下需要承担法律责任？承担什么样的法律责任？

规划审批机关的违规包括以下几种：

- 对依法应当编写而未编写环境影响篇章或者说明的综合性规划草案和专项规划中的指导性规划草案，予以批准的。
- 对依法应当附送而未附送环境影响报告书的专项规划草案，予以批准的。
- 对环境影响报告书未经审查小组审查的专项规划草案，予以批准的。

规划审批机关存在上述违法批准行为的，对直接负责的主管人员和其他直接责任人员，由上级机关或者监察机关依法给予行政处分，与对规划编制机关有关人员的处罚类似。

【法律依据】《环境影响评价法》第30条、《规划环境影响评价条例》第32条。

【小提示】根据权限，在环境影响报告书（篇章或说明）或审查小组意见认为规划的环境影响较大的情况下，规划审批机关仍然能够对规划进行批准。在这种情况下，带来不良社会影响或环境影响，应该追究谁的责任，有关法律法规并没有作出明确规定。

审查小组及其成员在什么情况下需要承担法律责任？承担什么样的法律责任？

- 审查小组的召集部门在组织环境影响报告书审查时弄虚作假或者滥用职权，造成环境影响评价严重失实的，对直接负责的主管人员和其他直接责任人员，依法给予处分。
- 审查小组的专家在环境影响报告书审查中弄虚作假或者有失职行为，造成环境影响评价严重失实的，由设立专家库的环境保护主管部门取消其入选专家库的资格并予以公告。
- 审查小组的部门代表有上述行为的，依法给予处分。

【法律依据】《规划环境影响评价条例》第33条。

规划环境影响评价技术机构（规划评价机构）在什么情况下需要承担法律责任？承担什么样的法律责任？

规划环境影响评价技术机构弄虚作假或者有失职行为，造成环境影响评价文件严重失实的，由国务院环境保护主管部门予以通报，处所收费用1倍以上3倍以下的罚款；构成犯罪的，依法追究刑事责任。

【法律依据】《规划环境影响评价条例》第34条。

【小提示】对规划编制机关有关人员、规划审批机关有关人员、审查小组及其成员都没有提到“构成犯罪的，依法追究刑事责任”，对规划评价机构却提到了。

4.4 环境影响评价信息公开和公众参与中各方的法律责任

建设项目环评的信息公开和公众参与中各方有什么法律责任?

- 《环境影响评价公众参与暂行办法》规定了建设单位的信息公开义务，但是并未规定建设单位若未履行该义务所须承担的法律责任。这主要是因为该办法是部门规章，在理论上仅能对环保部门产生约束力。
- 建设单位或评价机构在编制环境影响报告书的

过程中，应征求公众意见，编写公众参与篇章，并在其中附具对公众意见采纳或不采纳的说明。环境影响报告书未依法编制公众参与篇章的，有审批权环保部门不得受理。但有关法律法规未规定建设单位不进行公众参与或对公众意见未做说明所须承担的法律责任。

- 评价机构在公众参与工作中不负责任或弄虚作假，致使环境影响报告书失实的，由环保部降低其资质等级或者吊销其资质证书，并处所收费用1倍以上3倍以下的罚款；构成犯罪的，依法追究刑事责任。
- 有审批权的环保部门未依法公开受理情况、环评简本、审批或重新审核结果，以及验收结果的，由监察机关、上一级行政机关责令改正；情节严重的，对行政机关直接负责的主管人员和其他直接责任人员依法给予处分；构成犯罪的，依法追究刑事责任。
- 有审批权的环保部门或其工作人员，违法批准没有依法编制公众参与篇章的建设项目环境影响评价报告书的，依法给予行政处分；构成犯罪的，依法追究刑事责任。

【法律依据】《环境影响评价公众参与暂行办法》第6条、《环境影响评价法》第33条、第35条、《政府信息公开条例》第35条。

专项规划环评的信息公开和公众参与中各方有什么法律责任？

现行法律法规没有对专项规划环评的各方信息公开和公众参与的法律责任作出明确规定。仅当环评报告书的公众参与部分严重失实时，可以参考“环境影响评价严重失实”的情况追究规划编制机关、规划环境影响评价技术机构、规划审查机关、审查小组专家和规划审批机关的相关责任。

第5章 救济方式

什么是救济？什么是法律救济？

环境影响评价公众参与中的“救济”，是指在公众参与过程中，公民、法人或其他组织认为自身权利受到侵害时，要求侵害方停止侵害，依法履行义务的活动，是依法维护自身合法权益的活动。救济可以分为法律救济和非法律救济。

公众参与中的法律救济，是指公民、法人或者其他组织认为自身权利因行政机关的行政行为或者其他单位和个人的行为而受到侵害，依照法律规定向有权受理的国家机关告诉并要求解决，予以补救，有关国家机关受理并作出具有法律效力的活动。主要方式是行政复议、行政诉讼和民事诉讼。

公众参与中的非法律救济，是指通过法律程序之外的其他程序进行救济。主要方式包括向上级行政机关、监察机关或者有关政府主管部门举报，以及直接向建设单位提出，要求其履行义务等。

【小提示】针对环保部门的侵权行为，可以举报，也可以提起行政复议和行政诉讼；针对建设单位侵权行为，可以直接要求其改正，也可以提起民事诉讼；针对评价机构的侵权行为，可以直接要求其改正，向管理环评资质的环保部门举报，或提起民事诉讼。由于《环境影响评价法》《规划环境影响评价条例》《政府信息公开条例》《环境信息公开办法（试行）》等对政府部门的法律责任规定更为细致和可操作，因此，对环评报告造假、未批先建等问题有异议的，可以转为对环评批复进行行政复议和行政诉讼，或要求有审批权的环保部门作为。

建设项目环评公众参与中可以寻求救济的情况包括哪些？分别可以如何救济？

总而言之，在环评过程中，公众或环保组织认为环保部门、建设单位和评价机构未依法履行义务时，都可以寻求救济。可以寻求救济的情况在上述章节已经有所提及，现总结如下：

- 建设单位：
  - 未按照两次公示的要求公开环评信息（详见本书第3.2节、第2.1节）——依法申请请求建设单位公开环评信息。
  - 未按照要求征求公众意见（详见本书第3.2节）——依法申请请求召开座谈会、听证会征求公众意见；请求有审批权的环保部门依法履行职责，不予批复。
  - 未依法进行环评手续即开工建设（详见本书第1.2节、第4.1节）——请求有审批权的环保部门依法履行职责，责令建设单位停工。
  - 超期、违法试生产（详见本书第1.2节、第4.2节）——请求有审批权的环保部门依法履行职责，责令未进行环评的单位立即停止生产，补办环评手续，责令违法试生产的企业停止试生产。
- 环评单位：
  - 未依法两次公示的要求公开环评信息（详见本书第3.2节、第2.1节）——依法申请请求环评单位公开环评手续。

    - 未按照要求征求公众意见（详见本书第3.2节）——依法申请请求召开座谈会、听证会征求公众意见。
    - 在环评过程中涉嫌造假（详见本书第4.1节）——向环保部举报环评单位作假，要求查处其违法行为、取消其环评资质。
- 环保部门：
    - 未依法在建设项目环评审批受理后、批复后、建设项目环保验收后公开信息（详见本书第2.1节）——依法申请请求有审批权的环保部门公开上述信息；在有审批权的环保部门拒不作为的情况下，向上级行政机关、监察机关或者政府信息公开工作主管部门举报，或依法申请行政复议或者提起行政诉讼。（《政府信息公开条例》第33条）
    - 违法通过不应通过的环评报告（详见本书第4.1节）——举报、申请行政复议或提起行政诉讼。
    - 违法通过建设项目环保验收（详见本书第1.2节、第4.2节）——举报、申请行政复议或提起行政诉讼。

法律救济的程序（以信息公开为例）

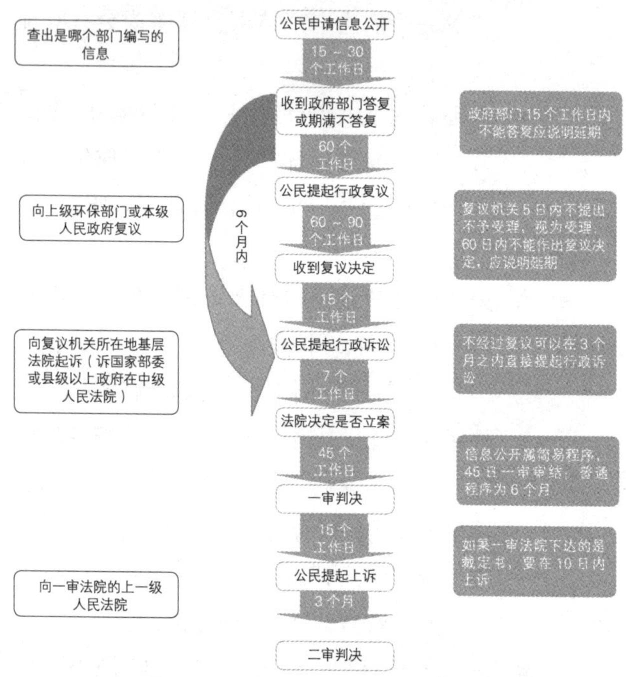

图6　环评信息公开之法律救济流程图

在什么情况下，公众和环保组织可以申请行政复议？

对于政府部门具体行政行为或不作为侵害公民、

法人或其他组织权利的情况，行政相对人（即受到行政行为影响的公民、法人或其他组织）都可以申请行政复议或提起行政诉讼。在建设项目环评过程中，环保部门的具体行政行为一般包括在环评不同阶段公示相应信息，对建设项目环评报告进行批复，对建设项目进行环保验收等。对建设单位未批先建、违法试生产等行为，有审批权的环保部门应该予以纠正。若环保部门不依法履行职责或不作为，公众和环保组织都可以申请行政复议。（《行政复议法》第6条第（9）项）

行政复议的复议机关、程序和时限是怎么样的？

- 对地方环保部门具体行政行为不服的，可以向同级人民政府或上一级环保部门申请行政复议。对环保部具体行政行为不服的，向环保部申请行政复议。对复议决定不服的，可以向人民法院提起诉讼；也可以向国务院申请裁决，国务院作出的裁决是最终裁决。（《行政复议法》第12条、第14条）
- 公众和环保组织申请环保部门履行法定职责后，对环保部门具体行政行为不服的，可以自知道该具体行政行为之日起60日内提出行政复议申请。自环保部门收到申请之日起60日内，环保部门不依法履行职责的，视为不作为；在达到不作为期限后60日内，可以提出行政复议申请。(《行政复议法》第9条、《行政复议法实施条例》第16条)

- 行政复议机关在收到复议申请后若决定不予受理，应当在5日内书面告知申请人，否则视为受理。(《行政复议法》第17条)
- 行政复议机关应在受理后7日内，将复议申请书副本发送被申请人（这里是被复议的环保部门)。被申请人应当自收到申请书副本起10日内，提出书面答复，并提交当初作出具体行政行为的证据、依据和其他有关材料。申请人、第三人可以查阅这些材料，除涉及国家秘密、商业秘密或者个人隐私外，行政复议机关不得拒绝。(《行政复议法》第23条)
- 行政复议机关应当自受理申请之日起60日内作出行政复议决定。情况复杂，不能在规定期限内作出行政复议决定的，延长期限最多不超过30日。(《行政复议法》第31条)

行政复议决定可能有哪些情况？应该如何执行？

- 决定维持：具体行政行为认定事实清楚，证据确凿，适用依据正确，程序合法，内容适当的。
- 决定被申请人在一定期限内履行：被申请人不履行法定职责的。
- 决定撤销、变更或者确认该具体行政行为违法：具体行政行为有下列情形之一的（决定撤销或者确认该具体行政行为违法的，可以责令被申请人在一定期限内重新作出具体行政行为）：
  - 主要事实不清、证据不足的。
  - 适用依据错误的。
  - 违反法定程序的。
  - 超越或者滥用职权的。
  - 具体行政行为明显不当的。
- 被申请人不按照《行政复议法》第23条的规定提出书面答复、提交当初作出具体行政行为的证据、依据和其他有关材料的，视为该具体行政行为没有证据、依据，决定撤销该具体行政行为。

行政复议机关责令被申请人重新作出具体行政行为的，被申请人不得以同一的事实和理由作出与原具体行政行为相同或者基本相同的具体行政行为。（《行政复议法》第28条）

被申请人应当履行行政复议决定。被申请人不履行或者无正当理由拖延履行行政复议决定的，行政复议机关或者有关上级行政机关应当责令其限期履行。（《行政复议法》第32条）

在什么情况下，公众和环保组织可以提起行政诉讼？时限如何？

- 在建设项目环评过程中，对于可以申请行政复议的情况，公众和环保组织都可以直接提起行政诉讼。在已经申请行政复议，并对复议结果不服的情况下，公众和环保组织还可以提起行政诉讼。行政复议已经被行政复议机关受理的，在复议期限内，不得提起诉讼。行政诉讼已经被人民法院受理的，不得提起行政复议。（《行政复议法》第16条）
- 行政复议机关决定不予受理的，申请人可以自收到不予受理决定书之日起15日内，提起诉讼。申请人不服复议决定的，可以在收到复议决定书之日起15日内向人民法院提起诉讼。复议机关逾期（60日内，或延期30日内）不作决定的，申请人可以在复议期满之日起15日内向人民法院提起诉讼。法律另有规定的除外。（《行政诉讼法》第45条）

- 直接向人民法院提起诉讼的，应当在知道作出具体行政行为之日起6个月内提出。（《行政诉讼法》第46条）

行政诉讼的管辖?

- 级别管辖：起诉地方环保部门的案件第一审由基层人民法院管辖；起诉环保部的案件第一审由中级人民法院管辖。（《行政诉讼法》第14条、第15条）
- 地域管辖：行政案件由最初作出具体行政行为的环保部门所在地人民法院管辖。经复议的案件，也可以由复议机关所在地人民法院管辖。（《行政诉讼法》第18条）

行政诉讼的被告如何确定?

- 公民、法人或者其他组织直接向人民法院提起

诉讼的，作出具体行政行为的行政机关是被告；

- 经复议的案件，复议机关决定维持原具体行政行为的，复议机关和作出原具体行政行为的行政机关是共同被告；
- 复议机关改变原具体行政行为的，复议机关是被告。（《行政诉讼法》第26条）

行政诉讼的程序和时限是怎么样的？

- 人民法院接到起诉状，经审查，应当在7日内立案或者作出裁定不予受理。原告对裁定不服的，可以提起上诉。（《行政诉讼法》第51条）
- 人民法院应当在立案之日起5日内，将起诉状副本发送被告。被告应当在收到起诉状副本之日起10日内向人民法院提交作出具体行政行为的有关材料，并提出答辩状。人民法院应当在收到答辩状之日起5日内，将答辩状副本发送原告。（《行政诉讼法》第67条）
- 人民法院对行政案件宣告判决或者裁定前，原告申请撤诉的，或者被告改变其所作的行政行为，原告同意并申请撤诉的，是否准许，由人民法院裁定。（《行政诉讼法》第62条）

- 人民法院应当在立案之日起6个月内作出第一审判决。有特殊情况需要延长的，由高级人民法院批准，高级人民法院审理第一审案件需要延长的，由最高人民法院批准。但政府信息公开案件适用简易程序，应在45日内审结。（《行政诉讼法》第81条、第82条）
- 当事人不服人民法院第一审判决的，有权在判决书送达之日起15日内向上一级人民法院提起上诉。当事人不服人民法院第一审裁定的，有权在裁定书送达之日起10日内向上一级人民法院提起上诉。逾期不提起上诉的，人民法院的第一审判决或者裁定发生法律效力。（《行政诉讼法》第85条）
- 人民法院审理上诉案件，应当在收到上诉状之日起3个月内作出终审判决。有特殊情况需要延长的，由高级人民法院批准，高级人民法院审理上诉案件需要延长的，由最高人民法院批准。（《行政诉讼法》第88条）

行政诉讼判决可能有哪些情况？应该如何执行？

- 驳回诉讼请求：具体行政行为证据确凿，适用

法律、法规正确，符合法定程序的。

- 判决撤销或者部分撤销，并可以判决被告重新作出具体行政行为。具体行政行为有下列情形之一的：
  - 主要证据不足的。
  - 适用法律、法规错误的。
  - 违反法定程序的。
  - 超越职权的。
  - 滥用职权的。
  - 明显不当的。
- 判决其在一定期限内履行。

人民法院判决被告重新作出具体行政行为的，被告不得以同一的事实和理由作出与原具体行政行为基本相同的具体行政行为。(《行政诉讼法》第69 ~ 72条)。

以上所指《行政诉讼法》皆为2015年5月1日后施行的新《行政诉讼法》。

第6章
案例与常见问题

圆明园铺膜防渗事件：环境保护公众参与的一个样本

马荣真[*]　葛　枫[**]

历史上的圆明园是一座规模宏大的皇家园林，是中国古典园林的杰作。圆明园的盛衰与中国近代史紧密相连。前些年，关于它的保护与改造的话题，又一次将这座古老的园子推上舆论的风口浪尖。作为国家级文物保护单位、历史文化遗产以及公众休闲的公园，圆明园的保护、整修以及改造一直颇有纷争。2005年，

* 北京大学硕士研究生。

** 自然之友“环境法律与政策”项目负责人。

这座沉寂良久的“万园之园”由于湖底铺膜防渗工程引来众人的瞩目，媒体、专家、政府、公众、民间环保组织等多方的瞩目促成了中国首例环境影响公众听证会的召开。这是中国环境保护公众参与的里程碑式事件，是《环境影响评价法》实施以来的首次公众听证会。

本文对圆明园铺膜防渗事件的背景、过程进行了梳理，重点关注其中媒体的作用、公众的推动、民间环保组织的参与以及政府的回应和做法。

一、湖底防渗铺膜工程的背景

（一）圆明园的文化和生态定位

圆明园曾为清代皇家御园，19世纪初即建成使用。通常所称的圆明园是由圆明、长春、绮春（后改名“万春”）三园组成，总面积达347公顷，建筑面积比故宫还大，水域面积相当于一个颐和园。圆明园是一座水景公园，水面占全园面积一半以上，山水相连，浑然一体，宛若天成，是我国古典园林的精华。经1860年英法联军的焚毁和1900年八国联军的洗劫，圆明园被破坏殆尽。1983年，经国务院批准的《北京市城市建设总体规划方案》把圆明园规划为遗址公园，并明确了圆明园遗址公园的发展方向。1988年，圆明园遗址公园被认定为国家级文物保护单位。

圆明园的文化定位毋庸置疑，它是一个历史园林，又是国家级文物保护单位，是进行爱国教育的重要基地。而水，是这个园子的灵魂。有学者认为，如果圆明园的水没有了，动植物死亡了，这个享誉世界的文化遗产也就处于非常危险的消失边缘。

同时，这座园子在整个北京市的生态环境系统中也起着十分重要的作用。圆明园的植物、动物、水生生物共同形成了相对稳定的生态链条，这对北京北部的生态环境有重要价值。圆明园曾经是北京西郊重要的人工湿地，生物多样性丰富。

（二）缺水的圆明园

北京气候干旱少雨，加上城市的快速发展使得用水需求增大，人们对地下水的超量开采导致水位下降。圆明园的补水水源水量逐年减少，长期得不到充足的补水。中国水利水电科学研究院刘树坤教授把圆明园湖底形象地比作为“漏勺”。若不考虑区域地下水位的持续下降，圆明园东部湖水每年最大渗漏量为363.4万立方米。在用水得不到保障的前提下，若不采取防

渗工程，圆明园的湖泊就会季节性干枯，这样会使得园内土壤沙化将更加严重，圆明园的植被也会受到很大影响。

（三）社会背景

2002年，《环境影响评价法》经全国人大常委会通过，并于2003年9月开始施行。该法规定，对环境可能造成重大影响、应当编制环境影响报告书的建设项目，建设单位应当在报批建设项目环境影响报告书前，举行论证会、听证会，或者采取其他形式，征求有关单位、专家和公众的意见。但是在当时，相当多的工程的环境影响评价信息并不为公众知晓，公众对于《环境影响评价法》也基本上没有印象。

2004年12月，《环境影响评价法》实施一年后，国家环保总局在海南博鳌召开的第一届环境影响评价国际论坛上开始公开环评审批中存在的问题，时任国家环保总局副局长的潘岳分管环评工作，他公开指出中国的环境影响评价存在执法不严，甚至弄虚作假等问题。这之后，国家环保总局叫停了30家大型企业未经环保审批即违法开工的项目，震惊舆论，引发“环评风暴”。

二、开放决策下的民意胜利：中国首次环保听证会召开

圆明园铺膜防渗事件从最初发声到逐渐平息，历经100多天，经历了公众、媒体、专家以及政府部门大范围的争论，国家环保总局紧急叫停施工项目，并迅速组织召开了听证会。为了呈现出各方力量对事件推动的效果和作用，本文从媒体、环保组织、公众、政府等不同的视角来观察事件的发展过程。

（一）媒体的参与

2005年3月底，到北京出差的兰州学者张正春在游览圆明园时，意外地发现圆明园的湖底、河道正在大规模铺设防渗膜，“这是一次毁灭性的生态灾难和文物破坏”，于是张正春向北京多家媒体反映了这一情况。媒体对此事非常关注。

2005年3月28日，人民日报在“视点新闻”版头条位置刊发了题为《圆明园湖底正在铺设防渗膜 保护还是破坏》的报道，当天就有许多网站纷纷转载。

2005年3月29日，人民日报继续发表环境记者赵永新的跟踪报道《圆明园湖底铺设防渗膜引发争议 拆还是不拆？》；同日，《新京报》刊发报道《圆明园湖

底铺防渗膜节水遭质疑》,《北京青年报》刊登文章《专家质疑圆明园湖底防渗工程 保护还是破坏》。2005年3月30日《中国青年报》发表文章《专家评圆明园防渗工程 一个“外耻内愚”的典型》,2005年3月31日,《南方周末》发表环境记者刘鉴强的长篇报道《圆明园埋下了什么?》。媒体的报道大都指向一个观点:铺设防渗膜会带来“生态灾难”并破坏圆明园遗址面貌。

人民网、天涯等门户网站还专门设立关于圆明园防渗工程的论坛。一时间,圆明园话题成为公众关注的热点,影响波及全国。社会的关注和舆论的压力,使得政府部门迅速决策。2005年3月31日,国家环保总局作出行政决定,认为圆明园防渗工程违反《环境影响评价法》,应停止施工,补办环评手续。

媒体的关注和“热炒”是圆明园事件的起点,媒体积极主动地介入、调查和评论在该事件中充分发挥了舆论监督作用,为不同的声音和争论提供了让社会知晓的途径。

(二)民间环保组织的贡献

民间环保组织的参与为听证会的召开起到了积极推动作用。自然之友、北京地球村等七家环保组织曾联名提出的五点推动圆明园善后的建议，明确表达了民间环保组织在此事件中的态度，并希望能通过重新为圆明园定位、设立联合管理机制等手段促进圆明园事件的妥善解决。自然之友等环保组织在圆明园事件中的行动显示，民间环保组织在推动公众参与环境治理方面可以发挥积极作用。

1. 提供对话的平台

在媒体报道圆明园铺膜防渗事件之后不久，自然之友反应迅速，用短短几天的时间进行筹备，组织召开了圆明园铺膜防渗事件研讨会。这次研讨会为专家、政府官员以及市民充分表达意见提供了平台。

2005年4月1日，自然之友联合“博客中国”网站，组织召开了“关注圆明园之水——圆明园生态与遗址保护研讨会”。这次研讨会的参与者有来自北京大学、北京师范大学、中国农业科学院、首都师范大学等高校和研究院所的专家，也有国家环保总局环评司以及海淀区政府和圆明园管理处的工作人员；有环保组织的志愿者，也有全国著名律师，当然，也有普通市民代表。值得一提的是，圆明园铺膜防渗事件的披露者张正春也参加了这次研讨会。

多方的声音在这次研讨会上得到充分的表达。专家学者、普通市民、政府官员以及环保组织的观点求同存异，却一致支持圆明园湖底铺膜防渗事件召开公众听证会、补做环境影响评价。国家环保总局环评司官员牟广丰在这次研讨会上说："在2003年9月颁布实施的《中华人民共和国环境影响评价法》中第25条和第31 条都有明确规定，未经环境保护部门批准，擅自开工建设，环境保护主管部门有权责令其停工，限期补办环评。根据这个规定，圆明园管理处应尽快委托有环评资质的单位编制环境影响报告书，由国家环保总局组织专家进行评估。"

这次研讨会以后，自然之友联合绿家园志愿者、北京地球村等多家环保组织发布了《支持政府针对圆明园铺设防渗膜事件举行听证会的声明》，希望能够通过此事推动公众参与环境治理，促进环境事件的科学决策。

2.提供专业的支持

自然之友对圆明园生态问题的关注在事件发生两年前就已经开始了。早在2003年2月8日，自然之友的观鸟组、植物组就基于他们长期在圆明园的观察经历和记录，向北京市政府提交了《关于保持圆明园“半野生”状态的建议》。当时，观鸟组就已经发现，一些新生动植物已经在圆明园形成一种自然的野生状态，而当时圆明园正在进行的一些工程对这种野生多样性的状态构成威胁。北京市副市长刘敬民给予批复，转圆明园管理处负责办理。同年8月12日，圆明园管理处给自然之友回函，表示园方对此事很重视，并一定会做好相关的保护工作等。

2004年年初，圆明园开始对长春园西南水域进行防渗试验，在湖底铺了塑料膜，自然之友观鸟组在观鸟活动中持续观察并记录了该地区水鸟和水生植物在铺膜前后的变化。他们观察到湖底铺膜后，水生动植物的数量和生长状态显著下降。

在2005年4月13日举行的听证会上，自然之友总干事薛野出示了自然之友观鸟组自2003年以来对圆明园生态进行的跟踪观察报告和照片，有力说明了湖底铺膜对生态有破坏性影响。有媒体说：这是这次听证会上唯一一份用事实来说明立场的报告。观察报告摘录：

我们看到，东部旅游区基本按人工化处理，但与其他公园比较，自然生态仍较丰富，尤其是在一些边缘地带，有着枸树丛、小叶鼠李、荆条等灌丛和野生杂草。而占总面积一半的西部，由于撂荒而属于半自然生态群落。20世纪五六十年代种植的树木已成林，灌木、草本植物亦很丰富，蒿类、葎草、鬼针草、苍耳、毛地黄、罗布麻、罗蘑……自然植被的参差伴随着遗址，更显其沧桑。

3.积极参与听证会

2005年4月6日，国家环保总局宣布，将于4月13日上午9时举行听证会，就北京圆明园遗址公园湖底防渗工程项目的环境影响问题，听取专家、社会团体、公众和有关部门的意见。当时，环境听证会对大家来说还很陌生，在正式听证会召开前几天，自然之友参加了由“中国河网”[①]组织的一次“模拟听证会”。据自然之友内部刊物报道，通过这次模拟活动，自然之友明白，要让听证会发挥其真正的效用，必须懂得在有限的时间内通过数据、事例来证明本方的观点，

① “中国河网”是中国9家NGO联合建立的网络，始于2004年8月，旨在加强河流开发中的公众参与，保护河流的自然生境。

反驳对方的论据。据此，自然之友针对“圆明园防渗工程听证会”准备了观鸟组的观察报告及几家环保组织的联合呼吁。

参加听证会的73名代表中，来自民间环保组织的代表有近10名。“自然之友”总干事薛野出席听证会并做了发言，他出示了防渗工程损害生态的证据，并且提出了对防渗工程的建议：

第一，我们认为铺防渗膜是违法和妨害生态的，应该立即撤除；第二，由于圆明园不可替代的历史文物以及遗产价值，对于圆明园的整治我们要重新考虑；第三，鉴于圆明园湖水渗漏对补充地下水的功能，对北京的生态有积极意义；第四，鉴于本次事件出现的条块分割，我们觉得设立政府有关部门，比如文物、园林、水务、区政府、市政府、相关专家、市民代表等联合代表机制（十分有必要）；第五，建议本工程的违法和损失，有关责任人是否应该承担责任？

（三）公众的声音

公民环境意识的提高和对社会环境事件的关注，是公众参与环境保护的大前提。在圆明园事件中，普通民众通过网络、媒体等途径，反映意见、提出建议，

表现出对环境公共事件的极大热情和相当的见识。

张正春先生是这其中的典型。如果不是他，圆明园的这项工程可能根本不会被公众所知。从偶然的发现、通知媒体、写博客、接受采访，到四处奔走呼吁、参加听证会，张正春为圆明园铺膜防渗事件的推动贡献了极为重要的力量，这其中，他也受到了多方面的压力。“也许，这次圆明园事件是一个难啃的硬骨头，我们必须慢慢地消化它，必须要花很长时间回味。从这一点来看，圆明园事件在今年的出现是一个征兆，它可能只是一个新的历史发展阶段的开始。”张正春在接受华夏时报记者采访时这样说。

另外，还有许多关注着事件进展的普通市民，有从事了四十几年园林工作的天坛公园退休工人，也有儿童手拉手地球村的小学生会员，他们通过各种渠道努力发出自己的声音，并希望能为事件的妥善解决和生态环境保护献言献策。很多人在网上发帖子，担心环评的技术结论可能会忽视圆明园文物保护问题，他们真正关心和担心的是圆明园遗址的命运。

这些中国社会艰难孕育出来的民主意识是难能可贵的，也是公众参与环境保护的基石。

（四）政府环保部门的态度

国家环保总局面对自己常与国家发改委、地方政府和大型企业等就大工程审批意见不一，而又处于民间环境保护力量和国家发改委、地方政府、央企夹击的尴尬局面，也一直在寻求一种制度化的解决路径。此前，国家环保总局已制定了《环境保护行政许可听证暂行办法》，并规定自2004年7月1日起施行，规定中指出，对环境影响存在重大意见分歧或者严重影响居民生活环境质量的开发建设活动，环保部门在审批之前可以举行听证会征求公众意见。

2005年3月底，各大媒体对该事件进行报道后，国家环保总局迅速反应，3月31日即发出“停工令”，责令补办环评手续。4月6日，国家环保总局在网站上发布公告，定于4月13日对防渗工程进行听证，鼓励民间参与，公众可采用电话、上网两种方式进行报名。

听证会当天，国家环保总局环评司司长祝兴祥主持会议，解振华局长悄悄地在后面旁听一个多小时。环保总局副局长潘岳在听证会上说：“对政府而言不能够拍脑袋定项目，而要多听听专家和公众的意见。对公众而言，不能总是指责政府的哪些决策不对，而是

多提一些可操作的实质性建议，去完善和修改政府的决策。”

与国家环保总局的态度截然不同的是，北京市政府、海淀区政府以及文物、水利、园林等相关部门一直保持沉默，媒体用“隔岸观火”来形容他们的态度。一直到圆明园铺膜防渗事件发生一个多月后的5月23日，北京市政府突然举行“圆明园湖底防渗工程”新闻发布会，一个小时的发布会上，“介绍情况”就占用了将近50分钟时间。这也是北京市在圆明园湖底防渗事件中唯一的一次回应。

（五）听证会：民意的胜利

2005年4月13日，听证会在国家环保总局二楼会议室如期举行，据潘岳介绍，参加本次听证会的各界人士中，年龄最小的只有11岁，年龄最大的80多岁。参加的单位有8个行政机关，12个社会团体，现场采访的有40多家新闻单位。这其中既有圆明园管理处和北京市文物、园林、水利部门的官员、专家，也有持有不同意见的各方专家；既有自然之友、北京地球村、绿家园志愿者等民间环保组织的负责人，也有普通市民和学生代表。除了北京本地的代表，还有专程从全国各地赶来的民间环保人士。

听证的事项主要有：第一，圆明园遗址公园的定位问题，即圆明园应该以什么功能为主，是以进行爱国主义教育为主还是以旅游、娱乐为主；第二，在北京普遍缺水的情况下圆明园如何节水，是否要恢复圆明园的山形水系，是否要保持1.2 ~ 1.5米的水深，开设游船等水上娱乐项目；第三，防渗工程、铺膜是否是唯一的或最佳选择，对地下水的生态影响有多大；第四，湖边湖底铺膜对水生生态与周边陆生生态是否有影响。

由于利益诉求并不一致，各方围绕上述问题展开了激烈的争论，各种观点的展示和碰撞通过新华网和人民网的网络直播在第一时间传送给社会公众。言辞激烈处，甚至有代表中途退场。在听证会发言的29人中，有一大半明确反对圆明园铺设防渗膜。

然而，不可忽视的事实是，这是我国《环境影响评价法》自2003年9月1日实施以来举行的第一次听证会，在中国环境保护乃至民主法治的历史上，都具有里程碑式的重大意义。可以说，这是中国第一个真正意义上的国家级听证会。

（六）听证会之后：环评的过程

听证会结束后，防渗工程的环境影响评价终于提上日程，环评机构的选择也是一波三折，最终由清华大学的环评机构承接，联合有关单位组织多学科专家成立环评工作组。环评工作在清华大学的牵头下，由北京师范大学、中国农业大学、首都师范大学、北京市勘察设计研究院等协助编制，历时40天完成了《圆明园东部湖底防渗工程环境影响报告书》。

2005年7月5日，国家环保总局在网站上公布了环境影响评价报告的全文，这份数万字的报告对防渗膜对湖底生态的影响作了综合评估，基于这份环评报告，两天后，国家环保总局作出了对防渗工程全面整改的决定。

第一，对圆明园东部尚未实施湖底防渗工程的区域，不再铺设防渗膜，全面采取天然黏土防渗；第二，绮春园除入水口外，已铺的防渗膜应全部拆除，回填黏土和原湖底的底泥，湖岸边不能再铺设侧防渗膜；第三，长春园湖底高于40.7米的区域要立即拆除防渗膜，回填黏土，湖岸边也不能再铺设侧防渗膜；第四，对福海已经铺设的防渗膜进行全面改造。

“整改令”发布以后，圆明园的整改过程并未对公众公开，整改工程在密闭的环境中进行。直到2006年7月，整改工程由北京市环保局验收。至此，圆明园事件算是画上了一个并不完美的句号。

三、“圆明园模式”能否复制?

媒体、普通民众、专家、民间环保组织的积极参与和配合，是推动圆明园铺膜防渗事件的重要力量。“圆明园”这个关键词与环境保护越来越紧密相连，从成功促成中国第一起环保听证会的召开。这个角度来讲，圆明园铺膜防渗事件是成功的案例，然而，圆明园的模式可否复制？是否会有第二个“圆明园”呢？个案的成功远远不是目的，长久且有效机制的建立才是长远之计。

国家环保总局解振华局长在接受媒体采访时说：“以后，遇到关系到公众利益和敏感的问题，环保部门都将通过听证会的形式听取各方意见，来民主决策和依法办事。”听证权是社会主体参与国家权力运作的程序性权力，是实现公民参与环境治理的有效途径，是法治国家与市民社会良性互动的重要法律机制。

这次听证会的实践也给予我们完善环境保护听证

制度一些启示：第一，关于听证代表的规定。国家和有关机关应该制定切实可行的听证代表遴选程序，公正、公开遴选听证代表，并在正式召开听证会之前予以公示。听证代表应当兼具广泛性和比例性，将不同背景的利害关系人的真实利益冲突充分反映出来。本次听证会在国家环保总局的召集下，听证代表的广泛性和代表性都比较强，是一次较为成功的尝试。第二，听证主持人的选任和职责。主持人应由有相关工作经验和专业知识的人员担任，具有中止、终结以及延期听证的职责。第三，听证的证据规则。书面证言应当依照法律程序提交给听证组织者，而不应该直接在听证现场发放给听证代表人。本文所讨论的案例就是直接把书面证言发放给到场的听证代表人。第四，听证笔录的作用。行政机关应当依照听证笔录作出行政决定。有必要时，可以赋予相对人针对此行政行为瑕疵的行政复议权。

时光飞逝，圆明园事件距今已10年。10年来，我国的环保听证制度似乎并没有因为首例国家环保总局听证会的召开而拉开大幕，环保听证会的召开甚为寥寥。这不得不让人思考，圆明园事件推动的听证会，是否存在过多的不可复制的条件。比如，当时“环评风暴”的大背景以及国家环保总局的积极推动，而这又与环保部门负责人的个人因素密切相关。公众参与到底是法律赋予公民的权利，还是政府给予民众的恩惠？但不可否认的事实是，公众参与需要社会公民一步一步地推动，而民间环保组织作为公民社会的重要组成部分，以其专业性和较强的组织性，或可作为推动环境保护公众参与的切入点。

小南海水电站前期的公众参与

窦丽丽

从2009年至今，自然之友等多家环保组织一直在关注小南海水电站项目以及与之密切相关的长江上游珍稀特有鱼类国家级自然保护区的边界调整事宜，并采取了包括发表公开信，给环保部提意见，申请信息公开、行政复议、国务院最终裁决等一系列的行动，希望能阻止保护区的边界被缩小，并取消小南海水电站项目。

事实上，小南海水电站尚未走到“环评”这一步。环保组织也意识到，仅仅通过环评公示阶段的公众参与去否决一个大型项目几乎是不可能的，越早介入，成功的可能性就越大。所以，对于小南海水电站项目的介入从该项目的前期准备阶段就已经开始了。

➤长江上游珍稀特有鱼类国家级自然保护区

长江上游珍稀特有鱼类国家级自然保护区地跨四川、重庆、贵州和云南4个省市的宜宾县、巴南区、习水县等25个县市区，是我国唯一一个跨越多个省级行政区并专门以珍稀特有鱼类为主要保护对象的国家级保护区，也是我国最长的河流型自然保护区，范围包括长江上游部分干流以及赤水河、岷江等一些长江支流江段，河流总长度为1162.7千米，其中长江干流江段长355.0千米，保护区面积为33 174.2公顷。

保护区的主要保护对象为白鲟、达氏鲟、胭脂鱼、岩原鲤等70多种珍稀特有鱼类及其栖息生境，其中国家一级保护动物有白鲟和达氏鲟2种，国家二级保护动物有胭脂鱼、大鲵和水獭3种，被列入世界自然保护联盟（IUCN）名录的有3种，列入濒危野生动植物种国际贸易公约（CITES）附录Ⅱ的有2种，列入中国濒危动物红皮书名录（1998年）的有9种，列入相关省市保护鱼类名录的有15种。

长江上游珍稀特有鱼类国家级自然保护区始建于1994年，其前身是宜宾市珍稀鱼类保护区和泸州市珍稀鱼类保护区，这两个保护区于2000年合并，并经国务院批准晋升为国家级保护区，名称为“长江上游合江至雷波段珍稀鱼类国家级自然保护区”。

该保护区的建立是为了补救因水电工程建设和经

济建设等人为因素对自然生态系统造成的影响，及时拯救长江上游濒危鱼类。

但是，2005年，为了给金沙江流域水电开发即溪洛渡和向家坝两个水电站让路，该保护区的边界被迫作出调整。溪洛渡和向家坝两个水电站的坝址都位于当时的长江上游合江至雷波段珍稀鱼类国家级自然保护区内，而《自然保护区条例》第32条明确规定：在自然保护区的核心区和缓冲区内，不得建设任何生产设施。最终，在保护与开发的博弈中，开发占了上风，为了使溪洛渡和向家坝两个水电站的修建合法，保护区被迫让步，保护范围大幅减少。调整后的保护区更名为“长江上游珍稀特有鱼类国家级自然保护区”。

20年来，为了满足水电开发的需要，长江珍稀特有鱼类的栖息地被迫从葛洲坝退到三峡，从三峡退到溪洛渡，从溪洛渡退到小南海。保护区所在的重庆三峡库区库尾至宜宾的这一江段，目前已是长江上游干流唯一的自然江段，也是长江上游干流能够维系众多鱼类种群及其生境的仅存江段。该保护区已经成为长江鱼类最后的栖息地和庇护所。

➤小南海水电站及其生态影响

小南海水电站是《长江流域综合规划（1990）》中设计的宜宾至宜昌河段5级开发方案[①]其中的一级。小南海水电工程规划建在重庆市巴南区小南海江段，预选坝址位于珞璜镇下游1.5千米的巴南区鱼洞镇中坝岛，根据农业部办公厅关于长江小南海水电站开展前期工作及项目建设意见的函（农办渔函［2008］12号）[②]，小南海水利枢纽坝址在保护区实验区范围内，水库回水长度为54.50千米，回水进入长江干流松灌镇至珞璜镇江段的保护区缓冲区内。大坝的截流和水库蓄水，淹没区域涉及保护区实验区和缓冲区，将使保护区内51.98千米的缓冲区和20.52千米的实验区原有功能发生改变。这就意味着，要使小南海水电站合法，必然要先修改长江鱼类保护区的边界范围。

---

① 5级开发方案，即葛洲坝（66m）、三峡（150~180m）、小南海（195m）、朱杨溪（230m）和石硼（265m）。

② 农业部办公厅关于长江小南海水电站开展前期工作及项目建设意见的函［EB/OL］. http://vip.china lawinfo.com/new/aw2002/slc/sc/.asp2.gid=108121.

农办渔函［2008］12号同时指出，小南海水利枢纽大坝建成后，使三峡库区成为一个相对封闭的库区水体，阻断了白鲟等濒危物种及长江特有鱼类的生殖洄游通道和索饵洄游通道，使许多珍稀特有鱼类难以完成生活史，将加剧这些物种的濒危程度。根据调查统计，小南海工程建成后，水库将淹没7处原有的珍稀特有鱼类产卵场，导致这7处产卵场彻底丧失功能，其中綦江和长江干流交汇处是保护区下游胭脂鱼的重要产卵场之一。淹没区的静水环境也导致喜欢流水鱼类的生境范围缩小，栖息地进一步破碎化。保护区内分布的珍稀特有鱼类，绝大多数需要在流水生境中栖息，如岩原鲤、圆口铜鱼等喜栖息于快速流淌、含氧量较高的水体，形成水库后，在静水中则会因溶解氧不足而死亡。小南海大坝将成为一道巨大的物理屏障，阻隔鱼类在大坝上下游江段间的洄游和交流，使许多珍稀特有鱼类难以完成生活史，将加剧这些物种的濒危程度，甚至导致其灭绝。

中国科学院水生生物研究所曹文宣院士曾在他的学术报告中强调："长江上游珍稀特有鱼类国家级自然保护区的下段即小南海江段是保护区内珍稀、特有鱼类和三峡水库的四大家鱼等经济鱼类完成生活史过程，必须经过这里上上下下的通道，我们称之为‘生态通道’。”他指出，这段生态通道是“关系到上游保护区内珍稀特有鱼类的生存和三峡水库渔业资源增殖的至关重要的通道，必须保持畅通无阻。不应当在这里修建任何水利工程。这样的生态通道也是修建鱼道或其他任何过鱼设施所不能取代的”。

但是，力促小南海水电站上马的重庆市政府，从2009年起便积极推动长江上游珍稀特有鱼类国家级自然保护区的边界调整。2009年10月底，南方周末的一篇报道称:“力促此工程上马的重庆市政府，甚至已按照11月保护区调整报告上报国家自然保护区评审委员会评审作为目标，倒计时安排了从6月至11月的工作计划表。照这个时间表，8月31日农业部就已经向环保部提出自然保护区的调整申请了；为了保证顺利通过11月环保部的评审关，重庆市发改委在文件中明确提出‘市主要领导出面请环保部主要领导支持保护区调整意见’的要求。”[①]

① 孟登科. 先掐头，再去尾，长江鱼儿哪里游？——小南海水电站最后一搏［EB/OL］.（2009-10-29）. http://www.infzm.com/content/36599.

2011年，保护区边界调整获得环保部批准，为小南海水电站的上马扫清了法律“障碍”。

一、环保组织的行动：第一阶段，公开呼吁

环保组织一直没有停止关注长江流域的水电开发。2009年2月17 ~ 18日，农业部组织专家对重庆市政府提交的《长江小南海水电站建设项目对长江上游珍稀特有鱼类国家级自然保护区影响及其减免对策专题研究报告》进行了论证。包括公众环境研究中心主任马军在内的多位环保人士、专家学者认为，在上述论证会上，专家组对于保护区内建坝这一核心问题，仅仅模糊地提出“建议根据《自然保护区条例》等有关法规，提出相关解决方案”，实际是暗示保护区范围必须再次调整。①

面对严峻的形势，2009年8月，环保组织致信重庆市政府，希望重庆市能够本着对子孙后代负责、对生态环境负责的原则，放弃经济效益有限而环境影响巨大的小南海水电工程，并和三峡建设总公司在既有

① 小南海，长江上游珍稀鱼类的绝地？[EB/OL].（2009-07-09）. http://news.sohu.com/20090709/n265090857.shtml.

的水电开发范围内协调利益分配和生态补偿，解决重庆市电力短缺的问题。

2009年10月，环保组织和专家学者联名发出公开信，呼吁参与国家级自然保护区评审委员会评审的专家守住学术良心的底线，本着对今世后代负责的原则，投下经得起历史检验的庄严一票。

2009年11月9日，绿家园志愿者、自然之友、云南绿色流域、绿色汉江、公众环境研究中心和重庆市绿色志愿者联合会等6家环保组织向环保部发出申请信，提出由每家组织各派一位代表，旁听将在当月召开的国家级自然保护区评审委员会的年度会议。2009年11月10日下午，时任自然之友调研部主管的张伯驹接到了环保部自然生态司自然保护区与物种管理处官员的电话，对方表示环保组织递交的申请函已经收到，并就申请函内容做了说明：该处尚未接到国务院办公厅关于小南海区划调整的相关消息，鉴于此，下周进行的专家会议不会出现和小南海有关的内容；出于没有相关小南海的内容，建议环保组织不要参与旁听；如果环保组织有需求，可由该处在会上转达环保组织

对于小南海保护区区划调整的意见。[①]

此后，关于该保护区调整的事情“沉寂”下来。公众无从得知任何消息。直到2010年11月底，环保组织才得到确切消息，该保护区的调整已经获得2010年评审委员会会议的通过。

震惊之余，2010年12月1日，环保组织致信环保部，要求就调整长江上游珍稀特有鱼类国家级自然保护区这一涉及公众重大环境利益的决策事项召开听证会。此事未得到任何回应。

二、环保组织的行动：第二阶段，用法律手段坚守生态红线

2011年1月，环保部对长江上游珍稀特有鱼类国家级自然保护区调整进行公示，多家环保组织向环保部提交意见，反对调整保护区；自然之友、大自然保护协会等环保组织还通过各种途径发动公众向环保部提交意见。

2011年1月18日，自然之友向环保部申请信

① 重庆小南海水电站威胁鱼类生存[EB/OL].(2009-10-29). http://www.bbwfish.com/article.asp?artid=105844 .

息公开：保护区调整的申报书、保护区范围调整部分的综合考察报告、国家级自然保护区评审委员会2010年度评审会议针对此保护区的评审意见和会议记录 。环保部答复称，前两项信息不属于环保部信息公开范围，建议向其编制机构农业部申请，而后一项信息不存在，因此无法提供。此次信息公开申请虽然没有遭到直接拒绝，但也没有得到任何希望公开的信息，只是在程序上尚没有走到绝路，还有进一步行动的可能。

2011年1月21日，自然之友发出致两会代表的公开信，呼吁两会代表关注长江上游珍稀特有鱼类国家级自然保护区调整的决策过程，并恳请他们向国务院提出建议：停止目前重庆市综合发展规划中有关长江上游珍稀特有鱼类国家级自然保护区调整的审批过程，寻找其他的替代方案，或者重新设计审批的过程，加强公众参与的力度，召开公众听证，听取更广泛的公众意见，审慎决策；重视环保部国家级自然保护区评审委员会工作的严肃性和公正公开的原则。最终，全国人大代表张抗抗女士提交了《关于慎建小南海水电站的提案》；全国政协委员盛连喜提交了《慎重对待长江上游珍稀特有鱼类国家级自然保护区调整的建议》。[①]

2011年两会期间，自然之友、大自然保护协会联合印制了《长江珍稀特有鱼类即将失去最后的家园》宣传页，向两会代表发放。

2011年2月17日，根据环保部答复的情况，自然之友向农业部提出信息公开申请，申请其公开：长江上游珍稀特有鱼类国家自然保护区调整的申报书和长江上游珍稀特有鱼类国家自然保护区范围调整的综合论证报告。

2011年3月9日，农业部通过电子邮件发来《农业部办公厅关于对长江上游珍稀特有鱼类国家级自然保护区范围调整综合论证报告申请政府信息公开答复意见的函》和《农业部办公厅关于对长江上游珍稀特有鱼类国家级自然保护区调整申报书申请政府信息公

① 重庆市发改委官员亦专程到全国“两会”会场，找到全国政协委员盛连喜沟通、交流，盛后来撤销了“慎建小南海水电站”的提案。膨胀的重庆小南海电站［EB/OL］.（2012-05-21）. http://industry.caijing.com.cn/2012-05-21/111854071.html.

开答复意见的函》。

农业部以被申请信息是讨论、研究或者审查中的过程性信息为由，依据“《中华人民共和国政府信息公开条例》《国务院办公厅关于做好政府信息依申请公开工作的意见》（国办发［2010］5号）的有关规定”，决定不予公开。

2011年3月24日，自然之友向农业部申请行政复议，要求撤销此前作出的两项“不予公开”的决定，同时附带提起对国办发［2010］5号文中关于“过程性信息”规定的合法性审查。农业部于5月13日作出行政复议决定书，维持其已经作出的“不予公开信息”的决定。

2011年4月27日，自然之友联合中国政法大学公共决策研究中心举办了“环境保护与信息公开——长江上游珍稀特有鱼类国家级自然保护区调整信息公开案例研讨会”，邀请了北京大学法学院教授湛中乐，中国政法大学教授、法学院副院长何兵，中国政法大学公共决策研究中心副主任、北京市义派律师事务所主任王振宇等法律专家参加，与会的法律专家一致表示，农业部关于“过程性信息”的说法并不成立，对自然之友申请的信息应该予以公开。

2011年6月7日，自然之友向国务院法制办递交了《国务院行政裁决申请书》，就“长江上游珍稀特有鱼类国家级自然保护区调整”一事申请最终裁决。在这份申请书中，自然之友共提出了4点请求：（1）要求撤销农业部作出的农复议字［2011］8号行政复议决定书；（2）撤销农业部办公厅作出的《农业部办公厅关于对长江上游珍稀特有鱼类国家级自然保护区调整申报书申请政府信息公开答复意见的函》和《农业部办公厅关于对长江上游珍稀特有鱼类国家级自然保护区范围调整综合论证报告申请政府信息公开答复意见的函》；（3）要求被申请人（农业部）依法向申请人（北京市朝阳区自然之友环境研究所）提供长江上游珍稀特有鱼类国家级自然保护区调整申报书以及长江上游珍稀特有鱼类国家级自然保护区范围调整部分的综合考察报告；（4）请求国务院法制办一并审查《国务院办公厅关于做好政府信息依申请公开工作的意见》（国办发［2010］5号）中“行政机关在日常工作中制作或者获取的内部管理信息以及处于讨论、研究或者审查中的过程性信息，一般不属于《条例》所指应公开的政府信息”规定的的合法性，并依法作

出处理。

但是，这份递交到国务院法制办的申请书，如石沉大海，杳无音信。

三、环保组织的行动：第三阶段，环评公众参与

就在环保组织的焦灼等待中，2011年年底，长江上游珍稀特有鱼类国家级自然保护区的调整申请最终获得了通过。但是，环保组织反对修建小南海水电站、反对调整长江上游珍稀特有鱼类国家级自然保护区的努力并没有停止。

2012年2月28日，国家发改委复函同意小南海开展前期工作。2012年2月22日，长江水资源保护科学研究所发布了《重庆长江小南海水电站“三通一平”工程环境影响评价公众参与信息公告》，公示时间为2月23日至3月3日。2012年3月2日，长江水资源保护科学研究院官方网站发布重庆长江小南海水电站“三通一平”环评公众参与第二次信息公告，并公布了环评报告简本。两次公示间隔时间如此之短，引起了环保组织的质疑。对此，苏州大学法学院环境法研究中心主任朱谦在接受财新网记者采访时表示，从两次信息公开的内容看，确实没有明确的违法之处。因为这

两次信息公开目的不同，并没有法律规定它们之间一定要有多长时间的间隔。然而，两次信息公告的时间间隔如此之短，反映出小南海电站环评工作要么仓促，要么违规。

朱谦解释说，法律要求第一次信息公告在建设单位与环评单位签订环评协议之后7日内进行。两次信息公告的间隔10天不到，这说明小南海电站的环评工作最多持续17天，或者是在协议签订之前环评即已违规提前展开。

时任自然之友公众参与议题负责人的常成也在微博上分析，“掐头去尾（形成文本和上网的时间），真正的评价时间也就15天，10个工作日。长江水资源保护科学研究所恐怕根本就没有做什么基础调研和实地考察吧？”[①]

2012年4月5日，包括北京大学生命科学学院教授吕植、中国科学院动物研究所副研究员解焱在内的生态专家和包括自然之友、山水自然保护中心、达

---

① 重庆小南海水电站环评“神奇速度”引争议［EB/OL］.（2012-03-07）. http://news.qq.com/a/20120307/000598.htm.

尔 问环境研究所、公众环境研究中心在内的18家环保组织联名发出公开信，呼吁紧急叫停得不偿失的小南海水电站（前期）工程，具体内容包括：（1）暂停小南海水电站“三通一平”的施工，重新评估小南海水电站建设的利弊得失；（2）召开公民听证会；（3）充分采取措施，保持自然保护区的完整性和生态功能；（4）考虑替代方案解决重庆电力供应问题。

2012年6月5日，环保部副部长吴晓青在国新办新闻发布会上表示，环保部高度重视媒体和社会组织对小南海水电站的有关意见，并已要求地方环保部门对小南海水电站问题深入论证，慎重决策。吴晓青还透露，环保部至今尚未收到小南海水电站环评的相关材料。①

2013年12月24日，19家民间环保组织发布《中国江河的“最后”报告》，阐述中国民间组织对国内水电开发的思考及“十三五”规划的建议，并再次呼吁国务院撤销小南海电站建设项目，撤销环保部2011年对长江上游珍稀特有鱼类国家级自然保护区的边界

① 环保部称尚未收到小南海水电站环评材料［EB/OL］.（2016-06-05）. http://china.caixin.com/2012-06-05/100397346.html.

修改的决定。

截至目前，小南海水电站奠基已有两年有余。中坝岛上唯一的行政村大中村原支书杨双荣在接受《东方早报》采访时表示，2012年的奠基仪式后，“三通一平”工程没有进行，移民工作也停滞。重庆市环保局相关人士也表示，奠基两年后小南海水电站环评还未通过，近两年确实没有动工。而小南海水电站建设部门也表示，工程没有取消，“但是也没有明确具体动工时间”。[①]

而对于环保组织来说，这场水电阻击战还远远没有结束。

小南海水电站前期的公众参与可以说是中国民间环保组织参与环境保护事件的一个缩影。我们可以看到，在这个案例中，民间组织常用的公众参与手段几乎全部都有所体现，包括发表公开信、呼吁信、在信息公示期间给环保部门提意见、发动公众一起参与、申请信息公开、行政复议、提交两会提案等。

---

① 小南海水电站奠基两年未动工［EB/OL］.（2014-04-11）. http://www.dfdaily.com/html/33/2014/4/11/1140373.shtml.

民间环保组织在小南海水电站的前期筹备阶段就开始介入，可以选择的参与手段也比较多样化，不像在项目的环评公示阶段仅能提意见那么单一。在小南海水电站项目上，民间组织紧紧抓住了这个项目的核心矛盾，即修建小南海水电站和长江上游珍稀特有鱼类国家级自然保护区的完整性之间的冲突。这种冲突不仅仅表现在生态影响上，也表现在法律方面。所以，自然之友采取了一系列的法律手段来捍卫长江鱼类保护区的完整性，走完了“信息公开—行政复议—申请国务院最终裁决”这样一个完整的法律流程。尽管最终的结果仍不明朗，但是这一系列的行动让自然保护区调整一事进入公众视野，并让公众以及NGO伙伴对于我们可以利用的法律手段有了更多的了解。

垃圾焚烧与二噁英争议的前车之鉴——北京六里屯

毛　达*

2013年12月27日，我国环保部发布了《生活垃圾焚烧污染控制标准（二次征求意见稿）》，并公开向其他相关政府部门、科研院所及普通公众征求意见。该标准草案如果通过，将取代已用了十多年的旧标准（GB18485—2001）。新旧标准的主要区别之一就是新标准将二噁英烟气排放限值从2001年的1 ng TEQ/m^3降至0.1 ng TEQ/m^3，与现行欧盟标准一致。此外，新标准还对焚烧厂如何控制二噁英排放作出了更细致的技术要求，如启停炉的温度控制、焚烧过程的工况控制以及添加垃圾的时机等。①

* 自然大学。

① 关于征求对《锅炉大气污染物排放标准（二次征求意见稿）》和《生活垃圾焚烧污染控制标准（二次征求意见稿）》意见的函［EB/OL］.（2013-12-27）.［2014-02-02］. http://www.zhb.gov.cn/gkml/hbb/bgth/201312/t20131227_265774.htm. 中华人民共和国国家标准《生活垃圾焚烧污染控制标准（二次征求意见稿）》［EB/OL］.

回顾过去七八年的历史，提高生活垃圾焚烧行业二噁英排放标准既是我国政府加强环境保护工作，特别是国际环保公约履约力度的体现，也是行业发展水平急需提升的内在要求，更是公众环保运动的助推使然。而在关于一些垃圾焚烧项目应否兴建的争议中，普通公民的科学实践，使关于垃圾焚烧与二噁英之关系的社会认识变得更加清晰，也更有利于我国可持续生活垃圾管理及二噁英污染防治工作的进一步推进。

自2006年以来，生活垃圾焚烧迅速成为中国内地最火热的一项环境议题。围绕着与垃圾焚烧有关的政策及具体项目的发展，政府官员、产业代表、技术专家、直接受影响的居民以及环保行动者有不同的态度和看法。他们或者在某些场合直接面对面地辩论，或者通过媒体“隔空对战”。争议的焦点除了技术是否成熟，垃圾组分是否合适，监管制度是否到位，经济投入是否充分外，二噁英无疑是“主焚”和“反焚”两派阵营争论得最为激烈的一个问题。

令人惊讶的是，除了一两位来自正式科研机构的

（接上页）（2013-12-27）[2014-02-02]. http://www.zhb.gov.cn/gknl/hbb/bgth/201312/w020131227828238678246.pdf.

学者外，许多带有某种专业头衔的技术专家或与垃圾管理有关的政府官员都站在焚烧产业一边，并不遗余力地为该行业“去毒化”，包括垃圾焚烧的非故意产生物——二噁英。然而，他们的努力不仅没有打消社会上业已存在的对于垃圾焚烧的抵触心理，反而迫使公众，特别是那些可能直接受影响的居民开始自学和垃圾焚烧及二噁英有关的科学知识，与隐约形成联盟的政府官僚、焚烧产业及技术专家相抗衡。

北京六里屯反焚运动可能是能够说明关于垃圾焚烧与二噁英问题的公民科学①发展的一个最佳案例，原因有二。首先，它是中国首例引起公众和媒体显著注意的反焚运动，在很大程度上激发起之后几年间国内许多地方的民间反焚运动。其次，六里屯反焚运动持续时间长达4年，在此期间，它和许多后来发生的案例

① 大量没受过专业训练的业余科学爱好者，通过网络组织的号召，参与科研任务，这种科研组织模式被称为公民科学。参见：公民科学［EB/OL］.［2014-02-02］. http://baike.baidu.com/link?url=njgpi37098wYzjO3cjjHxYXUSewP_Q4OVM-zYdqvLp42LKh5BNKd9y6ic1V9WKQ4THa18qYWG6IfaDHKYg2PNq.

或运动有时间重叠之处，因此对它的回顾可以窥见更大范围内公民科学对垃圾焚烧和二噁英议题的影响。

六里屯位于北京市西北郊海淀区永丰乡，原本只是京郊一片普通的农村地区，自21世纪初以来这里陆续建起了许多中高档的城市居民小区，人口总量和密度也迅速增加。2006年9月，该地区居民第一次从一非官方网站上获悉，北京市海淀区政府计划在其家园附近兴建一座生活垃圾焚烧厂。[①]自那开始，他们就感到担忧，因为在过去数年间，存在了7年之久的六里屯垃圾填埋场已经给附近居民带来了挥之不去的恶臭污染，而在同一地点计划上马的焚烧厂可能又会给他们带来新的环境问题。没过多久，一些居民就从各种渠道，特别是互联网上得知垃圾焚烧会产生一种叫二噁英的致癌化学物，他们心中的恐惧顿时增强。[②]于是，一些不甘屈服于命运

① 完了，焚烧厂是肯定要建了［EB/OL］.（2006-09-05）［2014-02-02］. http://bjmsg.focus.cn/msgview/1396/1/62432537.html.

② 不知各位业主注意到和闻到没有，每天晚上的焚烧垃圾的味道笼罩着西北旺地区，南到农大［EB/OL］.（2006-10-08）［2014-02-02］.http://bjmsg.focus.cn/msgview/1396/1/65137897.html.

的居民开始自我组织起来，准备对项目表达反对意见。但在那之前，更为详细地了解垃圾焚烧特别是二噁英污染物的潜在危害是必须完成的一项工作。

经过大致3个月的准备，六里屯居民掌握了关于垃圾焚烧环境与健康风险的基本知识，也更多地了解到二噁英的毒性和危害。2006年12月29日，他们将第一封反对在六里屯建垃圾焚烧厂的申诉信寄往海淀区政府，要求政府对垃圾焚烧“科学选址”。在这封信的初稿中，他们对六里屯垃圾焚烧厂的建设单位北京绿海能环保有限责任公司的工程技术专家的公信力提出质疑。后者曾向政府和公众“保证”他们的项目有足够的安全保障，二噁英排放水平也仅仅是国家标准的1/10，但他们作为焚烧厂一方的工作人员，其意见是否具有足够的客观性是令居民怀疑的。[①]

---

① 今天送请愿书的经过［EB/OL］.（2006-12-29）［2014-02-02］. http://bjmsg.focus.cn/msgview/1396/1/72600378.html. 反对建垃圾焚烧厂反对建垃圾焚烧厂的申述信（第一稿）已经撰写完毕，请大家提意见，宣传小组将再进行修……［EB/OL］.（2006-12-26）［2014-02-02］. http://house.focus.cn/msgview/1396/72248138.html.

2007年1月17日，在居民持续20天的施压下，海淀区政府被迫跟居民进行了面对面的交流，但其做法并非诚恳倾听当事人意见，而是希望通过一些技术专家的“科普”，说服居民接受垃圾焚烧厂。从当日参与对话的专家名单来看，他们也是日后在不同场合为政府和焚烧行业大力背书的几位人士。[①]在专家们当场对六里屯项目作出“绝对没问题”的保证时，居民仅以非常简单的逻辑给予回应，如果政府长年无法解决填埋场的污染，有能力确保新建的焚烧厂也没事吗？[②]

作为专家出席对话会的清华大学环境学院教授聂永丰不久之后对记者说，只要将二噁英排放控制在很低的水平，焚烧就是最科学的垃圾处置技术，它不会对人和生态系统构成伤害。他还说，六里屯项目的运行可以达到欧盟标准，即将二噁英排放水平控制在

① 如清华大学的聂永丰、中国城市建设研究院的徐海云、中国科学院生态环境研究中心的郑明辉。

② 参加座谈会后的感受［EB/OL］.（2007-01-18）［2014-02-02］. http://house.focus.cn/msgview/1396/74503546.html.

0.1 ng TEQ/m^3以下，所以不可能产生任何负面影响。①考虑到像聂永丰这样的固废处理专家对政府决策及媒体舆论都有一定的影响力，摆在六里屯居民眼前的挑战无疑是巨大的，但他们并没有放弃应对的努力。②

2007年1月底，六里屯居民获得了六里屯垃圾焚烧项目的环境影响评价报告书，并仔细研究了其中的内容，尤其是可能出现谬误的地方。2007年2月1日，他们向国家环保总局提交了一份行政复议申请，要求该局撤销北京市环保局对该项目环评作出的批复。在复议申请中，居民举出了许多要求撤销的理由。他们着重强调的一点是，环评单位错误地声称二噁英类物质可在线监测，并且严重忽略了该项目二噁英排放对邻近京密引水渠的影响，因而对选址作出的评价有瑕疵。

在六里屯居民提起行政复议并获受理后的2个月

① 北京：六里屯垃圾焚烧厂有望明年运营［EB/OL］.（2007-01-24）［2014-02-02］. http://info.ep.hc360.com/2007/01/24095748119.shtml.

② 最终确定的行政复议书内容，感谢所有为此付出辛勤工作的热心业主［EB/OL］.（2007-02-01）［2014-02-02］. http://house.focus.cn/msgview/1396/75808422.html.

里，海淀区政府及反焚居民各自坚守不同的立场。一方面，政府及其邀请的专家继续宣称，二噁英污染可控，新焚烧厂只会排放非常有限的二噁英。另一方面，居民强调，二噁英是高毒性污染物，目前国内的技术和管理水平无法保证焚烧厂的安全性。在这一看似胶着的时期，居民实际处于非常不利的位置，因为如果没有足够的社会关注，海淀区政府完全可以对他们提出的意见置若罔闻，按部就班地继续项目的建设开发。这就是为什么六里屯居民在这时开始积极地对外传播他们的维权行动，包括主动跟专业环保组织、政治人物、民意代表、公益律师、媒体记者联络，请求他们的关注和支援。2007年3月初，居民的努力取得了一点突破，他们成功游说全国政协委员周晋峰在一年一度的全国两会上提交了一份叫停六里屯垃圾焚烧项目的提案。在该提案中，周委员强调了二噁英的毒性、中国垃圾焚烧厂的风险，以及全球范围内限制垃圾焚烧的努力。[③]从文本看，这些内容很可能就是

③ 全国政协委员周晋峰建议：政府决策应充分尊重民意［EB/OL］.（2007-06-26）［2014-02-02］. http://cppcc.people.com.cn/GB/34955/5911011.html.

由六里屯反焚居民直接提供的。

2007年4月3日，六里屯反焚居民在自己的网络论坛上贴出了北京市环保局对国家环保总局行政复议调查的答辩函。该函坚称欧盟垃圾焚烧污染控制标准是国际学术界的共识，可以保证公众健康；六里屯垃圾焚烧项目会向这一标准看齐。[①]同日，居民们新近结识到的一位支持他们立场的学者——中国环境科学研究院退休研究员赵章元，透过媒体反驳北京市环保局的答辩。他的主要观点是：二噁英是垃圾焚烧厂的首要问题，即便欧盟标准也不能保证公共健康，因为二噁英是持久性的有毒物质，可以在人体内长期积累；而且，中国焚烧厂是否能够良好运行，达到欧盟标准也十分可疑。[②]

2007年4月17日，在越来越多的批评声中，北京

---

① 北京市环保局对我们提出的行政复议的答辩书［EB/OL］.（2007-04-03）［2014-02-02］. http://bjmsg.focus.cn/msgview/1396/1/80067659.html.

② 一个垃圾焚烧厂引发的科学决策之争［EB/OL］.［2014-02-02］. http://news.sciencenet.cn/sbhtm/news/2007440285969176434.html.id=176434.

市环保局环境影响评价管理处处长宗祝平通过中央电视台经济频道新闻节目向公众发表了一些令人惊愕的看法，报道原文如下：

“垃圾焚烧发电厂的项目一提出，不少环保专家就提出，垃圾焚烧会产生二噁英，北京市环保局有关官员的说法是，六里屯垃圾焚烧厂不会产生二噁英。

北京市环境保护局环境影响评价管理处处长宗祝平我们烧的都是生活垃圾，不会产生二噁英。

此外，环保评估书中提到能在线监测和超标自动报警等安全措施，以保证在10分钟内发现问题并及时更换，防止二噁英超标排放，宗祝平则表示，他们其实并不检测二噁英。

北京市环境保护局环境影响评价管理处处长宗祝平说：“因为不会产生二噁英，所以我们检测最多的还是烟气，并不是二噁英。”①

如此不科学、不负责任的政府官方意见迅速激起了六里屯反焚居民的强烈反应，进而引发2007年4月

① 六里屯垃圾焚烧厂完全符合环保标准［EB/OL］.（2007-04-17）［2014-02-02］. http://www.cctv.com/program/jjxxlb/20070417/105300.shtml.

20日北京市环保局门外的一次公开抗议。[①]1个月后，居民又向多个政府部门提交了更多的关于六里屯焚烧项目环评报告的意见，并首次提及橙剂二噁英污染这一历史灾难。渐渐地，在居民的努力下，有关二噁英的信息，尤其是其健康影响（如致癌性和致畸性），开始得到更大范围的传播。与此同时，相关公民科学活动也增强了居民的维权决心。

尽管六里屯居民可以拿出有理有据的意见质疑垃圾焚烧项目，但由于缺乏平等的发声渠道以及与政府对话的平台，海淀区政府并没有显露出任何重新考虑其决策的迹象，而且它还可以凭借专家的支持意见，证明其决策的合理性，并向公众宣传项目一定是安全的。在这样的不利状况下，居民决定将行动升级，策划了一次更大规模的公开请愿活动，这也就是后来被众多媒体争相报道过的。2007年的"世界环境日"，国家环保总局办公楼外数百人参加的反焚抗议事件。此次事件使六里屯垃圾焚烧争议名震中外，居民在活动中打出的各种关于二

① 向今天下午在环保局门前声讨的邻居们表示最崇高的敬礼！［EB/OL］.（2007-04-20）［2014-02-02］. http://house.focus.cn/msgview/1396/81763503.html.

噁英危害的标语也十分醒目，迅速抓住了媒体的眼球，使垃圾焚烧二噁英风险成为热议话题。

反焚抗议活动对于六里屯居民而言，的确是成功之举。国家环保总局在2007年6月7日紧急对外宣布六里屯垃圾焚烧项目在开工前，必须得到进一步的论证和研究。[①]这时，面对可能被翻转的局势，北京市相关部门并没有作出实质性的妥协，他们一方面表示六里屯项目无论如何都不会停建，另一方面表示要出台更严格的地方性垃圾焚烧污染控制标准，以打消公众的疑虑之心。正是在这样的背景之下，一位有名的技术官员、城市生活垃圾管理专家王维平开始代表北京市政府向媒体宣称，六里屯焚烧厂会达到欧盟排放标准，其烟气会比居民住家厨房的油烟还干净。[②]

经过一段时间的沉寂，北京市政府于2007年11

---

① 北京六里屯垃圾发电项目应缓建［EB/OL］.（2007-06-08）［2014-02-02］. http://www.js.xinhuanet.com/xin_wen_zhong_xin/2007-06/08/content_10244529.htm.

② 欧阳洪亮. 北京垃圾“围城”［EB/OL］.（2007-09-15）［2014-02-02］. http://magazine.caijing.com.cn/2007-09-15/110057606.html.

月17日发布了生活垃圾焚烧厂北京市地方污染控制标准草案，将烟气二噁英排放标准限值定在0.1 ng TEQ/m^3，与欧盟一致。此外，标准还为焚烧厂设定了300米的安全防护距离。草案出台后，北京市环保局举办了一次新标准的技术论证会，结果激起“主焚”和“反焚”两个阵营的再一次辩论。在论证会上，始终站在六里屯居民一边的赵章元表示不同意新标准就能保证安全，也不同意300米的防护距离能保证安全。站在政府和行业一边的聂永丰则认为，达标就意味着无害，而且六里屯焚烧厂肯定会达标。最终，赵章元拒绝在肯定标准出台的专家论证意见上签字。①

当时间来到2008年后，北京市政府部门与六里屯反焚居民“默契”地进入了休战状态，为的是“顾全大局”，让奥运会和谐地举办。但是，就在全球体育盛会闭幕后不久，围绕六里屯垃圾焚烧厂建与不建之争的“战火”又重新点燃。北京市政府首先出招，它在2008年10月9日通过报纸宣布六里屯垃圾焚烧项目的环评程序已经完成，以此暗示该项目即将正式上马。

---

① 赵章元［EB/OL］.［2014-02-02］. http://baike.baidu.com/view/2762980.htm.

居民针对这一动作，也迅速重新集结，起草了请愿信。在请愿信中出现了一则新的关于垃圾焚烧与二噁英关系的知识信息，即引用赵章元曾经提及过的关于二噁英可在焚烧炉低温区重新合成的问题，意思是：不管焚烧炉是不是能够达到专家们反复宣传的“3T”（温度、时间、湍流）条件，如果不能控制好其他环节，仍是非常危险的。而对于如此重要的垃圾焚烧风险因素，政府和行业专家当时却鲜少向公众提及。[①]

2009年年初，北京市政府通过媒体再次向公众发出强烈信号：六里屯垃圾焚烧厂项目势必重启，与此同时，一些专家也十分配合地宣传“焚烧厂无害论”。中国城市建设研究院院长徐文龙向媒体表示，垃圾焚烧并不是二噁英的唯一排放源，其他行业及活动，如冶金、交通、殡葬焚烧设施等行业都会排放二噁英。[②]这样的论述逻辑显然有淡化垃圾焚烧二噁英危害，转

① 最新反建活动通报[EB/OL].(2008-10-23)[2014-02-02]. http://house.focus.cn/msgview/1396/153984953.html.

② 选址争议不断　垃圾处理场到底能建在哪？[EB/OL].(2009-02-06)[2014-02-02]. http://env.people.com.cn/GB/8757674.html.

移公众注意力的意涵。

2009年两会期间，也是垃圾焚烧争议双方再次剑拔弩张的时候，在事件中曾扮演重要角色的国家环保部（在2008年由国家环保总局升格而来）却表现出一种中庸的态度。一方面，其高级官员坚持六里屯项目环评必须充分论证，其结果必须由北京市环保局公示。否则，它不能开工建设。另一方面，他们也宣称垃圾焚烧是一种成熟技术，已经运行的焚烧厂是安全的，对二噁英的监测工作也能保证焚烧厂的安全运行。[①]在六里屯居民看来，环保部的态度过于模棱两可，他们于是又编写出了一份更为详尽的、关于垃圾焚烧风险以及六里屯选址错误的报告，即《要求停建北京海淀区六里屯垃圾焚烧发电厂或另行选址的万民请愿书》，

---

① 陈湘静 . 服务把关保增长 坚持减排不动摇——十一届全国人大二次会议举行“当前环境保护形势和任务”专题采访答问实录［EB/OL］.（2009-03-31）［2014-02-02］. http://www. envir.gov.cn/info/2009/3/312357.htm.
环保部 : 北京六里屯垃圾焚烧厂未经核准不得开建［EB/OL］.（2009-03-12）［2014-02-02］. http://news.sina.com.cn/c/2009-03-12/022817388100.shtml.

并进行了大力的传播。

2009年4月份以后，当争议双方都无法取胜时，媒体报道的增多使形势又发生了一定的变化。毫无疑问，在这些报道中，二噁英占了不少的篇幅，它方方面面的问题都得到了一定的展示，例如，不良健康效应的阈值争议、日本历史上垃圾焚烧带来的二噁英污染教训等。2009年7月9日，在海淀区政府官员赵利华专程走入六里屯社区，试图与居民再次沟通焚烧项目问题时，不少在场居民代表已经展现出非常强的专业能力。他们抛出很多关于垃圾焚烧厂和二噁英风险的技术问题，让官员难以回答，场面一度非常尴尬。[①]

至此，我们不禁要问，六里屯居民究竟是如何实践其公民科学活动，并达到能够挑战政府官员之水平的？简而言之，有两种途径。一是自学，且及时分享有价值的信息，使之变成了公共的知识。在六里屯居民的网络业主论坛上，可以看到许多关于二噁英生成、转移、扩散及健康影响的知识贴和讨论内容。二是积

① 2009年7月9日座谈会纪要[EB/OL].[2014-02-02]. http://house.focus.cn/msglist/1396/.

极向专家咨询，而且咨询的对象不仅仅是他们的“铁杆儿”支持者，如赵章元，他们还以非常敏锐的触觉四处搜集专家意见，例如请北京大学二噁英研究专家陈左生介绍关于二噁英的关键性知识，[①]从一位化学分析工程师那里获得国内许多垃圾焚烧厂二噁英排放实际超标的“证词”。[②]

① 生活垃圾焚烧过程中，可以控制二噁英的产生吗？二噁英可以分解吗［EB/OL］.（2009-05-08）［2014-02-02］. http://house.focus.cn/msgview/1396/167606563.html.

②《我了解到的一些国内垃圾焚烧站二噁英检测的情况》——转发自南京江桥反建专题网站［EB/OL］.（2009-07-24）［2014-02-02］. http://house. focus.cn/msgview/1396/173965381.htm/.

安徽省望江县农民行政诉讼安徽省环保厅批复某粘胶纤维项目违法*

赵　光

一、案例背景

安徽某化纤公司成立于2007年12月，位于安徽省望江县经济开发区，占地1500亩，现有厂房7万多平方米。该公司主要生产粘胶纤维。项目分两期建设，首期建设规模6万吨，投资6亿元，已于2010年1月投产；二期工程预期于2013年3月份前建成投产。项目为安徽省“861”行动计划项目，是安庆七县一市中投资建设的最大项目。该公司主要是进行粘胶短纤维的生产，其产品品种覆盖全棉纱、涤棉混纺纱、粘胶混纺纱、竹节纱等多种纤维的纺纱，纱支范围涵盖普通纱、高支纱等。2008年1月17日，安徽省环保厅作出“关于安徽某化纤公司安徽望江某粘胶短纤维项目环境影响报告书批复的函”的审批行政行为，但并未向当

* 本文中的公司名称已隐私，有关人名为化名。

地百姓公示该批复。2010年1月，该公司投入试生产并延续至一审开庭，之后没有停止。2010年2月以后，望江华阳镇古港村村民出现不同程度的污染反应。5月，村民戴口罩前往县环保局信访，遭拒。后逐级信访，均被驳回。现该村环境恶化，村民有多人患癌症，癌症发病率明显上升。

二、公众参与关键行动

2010年5月，古港村村民两次戴口罩前往望江县环保局，反映“化纤公司废气污染气味难闻严重扰民”的情况，希望环保局帮助他们解决问题；当年12月，村民代表还到国家环保部针对该公司污染问题进行信访。

2010年6月10日，安徽省环境监察局发布的“关于望江县某化纤公司废气污染问题查处情况”。其中显示：该公司在接到停产通知后并未按要求停止生产，卫生防护距离内居民尚未搬迁，大气污染物难以达标排放，周边居民的生产和生活受到影响。但是，该公司的污染依然持续，没有好转的迹象。

2012年11月，望江农民张昕源认为安徽省环保厅的行政行为程序违法，直接向国家环境保护部提交了行政复议申请书，请求撤销环境影响报告书批复，即安徽省环保厅于2008年1月17日作出的“关于某化纤公司安徽望江某粘胶短纤维项目环境影响报告书批复的函”的审批行政行为。2013年1月30日，国家环保部驳回了张昕源的行政复议请求，维持了安徽省环保厅所作的上述批复。2013年2月16日，张昕源向合肥市蜀山区人民法院递交了行政起诉状，该案正式进入行政诉讼程序。2013年3月18日诉讼期间，安徽省环保厅在互联网上发布对该公司安徽望江某粘胶短纤维项目进行竣工环境保护验收的公示。2013年4月16日，该起环境行政诉讼案在合肥市蜀山区人民法院一审开庭，正式公开审理。2013年5月9日，由于第三人提交所谓新证据，第二次开庭。2013年6月5日，此案宣判，张昕源败诉，被驳回了诉讼请求。张昕源依法上诉，二审程序启动。2013年8月6日，合肥市中级人民法院依法开庭审理。2013年8月30日，二审维持原判。2013年该案作为典型案例在北京大学“中国环评立法的完善：通过公益诉讼促进环评的实施”研讨会上交流。

三、各方应对

（一）安徽省环保厅对环评批复的关键性证据拒不出示

（1）根据《行政诉讼法》第32条规定，安徽省环保厅对作出的具体行政行为负有举证责任，应当提供作出该具体行政行为的证据和所依据的规范性文件。但是，在本案当中，安徽省环保厅没有在法定举证期限内举证证明其所作出的具体行政行为具有合法性。具体地讲，就是安徽省环保厅没有提供该作出具体行政行为的档案材料。

根据《国家行政机关公文处理办法》第9条、第38条，《档案法》第2条、第11条、第13条，《安徽省机关档案工作实施办法》第14条第（5）、（8）项的规定，安徽省环保厅作为行政机关，在作出具体行政行为之后，应当对记录具体行政行为的来龙去脉、发展进度、重要程度进行材料归档。现安徽省环保厅没有提供该档案材料，应当承担举证不能的法律后果，即安徽省环保厅作出该具体行政行为主要证据不足。

（2）从证据角度讲，安徽省环保厅以及该公司所提交的所谓证据不是出自档案材料，来源不合法。同时，他们均是复印件，无法与原件核对，依法不应当作为支持具体行政行为合法的依据。安徽省环保厅承认应当有相关材料，但以归档麻烦、调档麻烦为由，不予出示档案材料的抗辩属逻辑混乱。该公司声称事后可以提供原件，更因超过举证期限而不能得到支持。同时，本案即便到了二审程序，他们如果拿来相关所谓证据或原件，也因不符合新证据的要件而不能予以采纳。其次，安徽省环保厅抗辩说，原告的证据均是证明环评批复以后的问题，那么依照该环评所做的各项环保设施均导致了环境污染（有照片和出庭证人证言为证），环评报告和批复的合法性和目的更无法得到合理解释。如果按照此说法，环评也失去了存在意义。

（二）该公司为了配合安徽省环保厅，于第一次开庭后提交了部分证据，其声称依据《最高人民法院关于审理行政许可案件若干问题的规定》第8条

（1）《最高人民法院关于审理行政许可案件若干问题的规定》第8条没有赋予该公司超期举证的权利。

首先，该条在阐释第三人可以在“被告不提供或者无正当理由逾期提供证据的”情况下提供证据，并没有说第三人可以凌驾于法律之上，拥有超期举证的权利。

其次，在本案第一次开庭前的法定期限内，蜀山区法院依法向本案的三方送达了举证通知书，该通知书明确确定了举证期限。而该公司并没有在举证期限内举证，其在开庭之后又搜集了一些证据并向法庭提交，已经严重超期。

最后，该公司辩称该司法解释不是法律，则更说明该司法解释不能对抗“行政诉讼法”以及法院举证通知书的强制性效力。同时，该公司一边说该司法解释不是法律，一边又强调该公司作为第三人的举证期限应以该司法解释为准，则是自相矛盾。

（2）化纤公司超期提交的证据不是安徽省环保厅在作出具体行政行为时的证据。因为该公司超期证据不是“行政许可”卷宗内的材料，其没有档案专用章确认。同时，该证据加盖安徽省环保厅公章更说明其无法从档案内调取证据，而只能事后制造。而安徽省环保厅举证期内不提供证据，庭后为该公司出具证据不仅说明二者的互相串通，更印证了该具体行政行为没有证据支持而只能事后制造。因为，如果该证据早就存在的话，安徽省环保厅何必要由该公司越殂代疱提供？所以说，环保厅的不举证行为不是《最高人民法院关于审理行政许可案件若干问题的规定》第8条的拒不提供和逾期不提供，而是根本没有。

（3）即便是该超期证据也没有能够证明安徽省环保厅程序合法的证据。该公司的超期证据没有一项能够证明安徽省环保厅作出行政行为来龙去脉的证据。安徽省环保厅辩称程序文件系内部规定不需提供以及材料在档案室不便提供，则是没有任何法律依据的。

（4）该公司的超期证据因为没有质证，因此不能作为定案依据。因为该证据是超期举证，张昕源的观点是不予质证。根据《最高人民法院关于行政诉讼证据若干问题的规定》第35条第1款规定："证据应当在法庭上出示，并经庭审质证。未经庭审质证的证据不能作为定案的依据。"该规定确立了证据规则的基本原则：证据必须要在法庭上出示并经过质证，未经质证的证据不得作为定案依据。因此，该公司的超期证据不能作为定案依据。

（三）张昕源指控安徽省环保厅违法行政

（1）违反法律、法规规定，应当听证而没有听证。

根据安徽省环保厅网页截图可以证实，安徽省环保厅在进行环评批复前在网站上进行了公告。该证据

证明，安徽省环保厅认可该具体行政行为的作出应当进行公告、听证。但是，网络空间是虚拟的。在虚拟空间上发布公告不是公告的法定形式。安徽省环保厅也没有提供档案证据证明其在具体行政行为相对人所在地即古港村进行了公告的书面文本张贴。根据《行政许可法》第46条，《国家机关公文处理办法》第9条第（3）项的规定，安徽省环保厅利用网站公告的形式代替张贴公告的法定形式是非法的，导致群众无法要求进行听证。安徽省环保厅没有尽到公告的义务，剥夺了人民群众的听证权利明显违法。

（2）安徽省环保厅没有对建设单位的预审进行审查违反法律规定。

根据《环境保护法》第13条规定，建设项目的环境影响报告书，必须对建设项目产生的污染和对环境的影响作出评价，规定防治措施，经项目主管部门预审并依照规定的程序报环境保护行政主管部门批准。环境影响报告书经批准后，计划部门方可批准建设项目设计书。安徽省环保厅对该行为没有进行审查明显违反法律规定。安徽省环保厅抗辩该建设项目没有主管部门，但是又没有相关证据支持，应当视为抗辩无效。

（3）安徽省环保厅没有对环境容量进行审查明显违法。

安徽省环保厅没有提供证据证明其对项目所在地的环境容量进行过审查。根据《国务院关于环境保护若干问题的决定》之三、《国家环境保护“十一五”规划》之五的规定，安徽省环保厅没有对环境容量进行审查明显违法。

（4）安徽省环保厅没有审查环评单位的资质明显违法。

安徽省环保厅辩称环评报告书内有环评单位的资质证书。但是，该证书的真伪无法核实。因为，该证书的尺寸明显小于正常尺寸，并且没有加盖环评单位的公章。因此，根据《环境影响评价法》第19条、《建设项目环评资质管理办法》第3条、第4条、第9条的规定，应当认定安徽省环保厅没有审查环评单位的资质，明显违法。

（5）安徽省环保厅对该公司超期试生产3年没有予以审查违反法律、法规规定。安徽省环保厅于2009年12月开始试生产，至今已经超3年。根据《关于企业试生产期间违法行为行政处罚意见的复函》之一、之二，《建设项目竣工环保验收管理办法》第10条规定，安徽省环保厅应当对该公司超期3年的试生产行为予以处罚或予以审查，安徽省环保厅至少应当在档案材料中对此予以解释，但是安徽省环保厅没有。

（6）二审中发现，安徽省环保厅于2008年1月17日作出环评批复之时，该厅的一位副职厅领导兼任本案环评单位的法定代表人。那么，本起环评批复的主管机关安徽省环保厅有“既是裁判员，又是运动员”的嫌疑，其环评批复的合法性理应得到质疑。

（四）该案环评报告不真实、公众参与有造假之嫌

（1）安徽省环保厅对环评报告书所载主要指标、数据没有进行审查明显违法。

安徽省环保厅没有举证证明其委托技术评估机构对环评报告书所载主要指标、数据进行过技术评估。安徽省环保厅当庭也认可依据环保部的一贯做法应当进行技术评估。因此，根据《环境影响评价法》第19条的规定，报告没有对此进行审查明显违法。

（2）安徽省环保厅没有对环评听证的公众参与进

行审查明显违法。

听证纪要所附公众参与名单首先字迹雷同，有虚假嫌疑。同时，根据原告的出庭证人证实，其中古港村村民仅有3人，只占全部38人的7%。即使按被上诉人安徽省环保厅认可的5人，也只是13%。更不要说他们都是村干部，其他的人不是行政干部就是企业老板，与行政机关具有利害关系，足以影响听证程序的公正性。因此，该公众参与不能代表当地群众的主流观点。安徽省环保厅没有对环评听证的公众参与进行审查明显违法。

（五）张昕源指控具体行政行为程序不合法

安徽省环保厅没有举证证明其作出具体行政行为的来龙去脉、发展进度，应当认定其没有进行相关程序。安徽省环保厅违反了《环境影响评价法》第19条，《建设项目环境保护管理条例》第6条、第9条、第10条、第13条、第15条，《建设项目环境保护管理程序》第3条第（1）款第1~3项、第3条第（2）款第1~9项的规定，没有依照法定程序进行环评批复。而根据上述法律、法规，环评批复至少要有以下程序：

（1）管理阶段：应当有建设项目可行性研究阶段

报批程序，安徽省环保厅的档案材料中应当有相关材料。被上诉人安徽省环保厅举证不能。

（2）建设单位根据预审意见，委托有资质单位编制环评报告书。相关材料应当能够形成档案材料。安徽省环保厅举证不能。

（3）对于建设单位的申请审批的正式报告或申请书，连同预审意见、初审意见应当报被上诉人安徽省环保厅分管科室（一般是监督管理科室和自然生态保护科室）签署审批意见，然后报分管副厅长阅批，厅长阅批，最后办公室盖章。上述程序安徽省环保厅也没有履行。

（4）安徽省环保厅缺少委托技术评估单位对报告书进行技术评估，也没有出示评估报告。该环节缺失。

（5）对于评估报告，分管处室应当提出审批意见，有关领导阅批后，出正式审批意见。该环节缺失。

以上各个程序，安徽省环保厅均没有履行，应当依法认定安徽省环保厅作出具体行政行为违反法定程序。安徽省环保厅认为上述程序系内部流程，不是法定程序的说法也是站不住脚的。

四、结果和意义

本案为安徽省第一例环境领域“民告官”案件。

虽然最终法院没有支持农民张昕源的诉讼请求，但是环境行政主管部门事后对该企业进行了整改。从环境行政部门本身来看，本案之后的环境行政案件在证据方面明显要完善的多。本案开启了安徽省环境司法、执法领域“民告官”之门，对于推进政府依法行政、维护公民、法人和其他社会组织监督环境执法、司法，推动公众参与环境保护具有里程碑意义。

五、点 评

被称为“民告官”的行政诉讼走过了二十多年，近年来环境行政领域里的“民告官”方兴未艾。“民告官”一词在中国数千年的社会历史进程中，特别是在封建社会，一直都是一个非常敏感非常沉默的东西，数千年的封建王朝造就了一大批选择沉默而内心不服气的普通老百姓，他们有事不敢随意和衙门打官司，也造就了一个表面敏感而内心已经麻木的封建官僚系统。今天，虽然“民告官”的话题依然沉重和敏感，但是也要看到，今非昔比的社会进步，该类话题正由沉重走向轻松，正由敏感走向开放。“人民监督和批评政府”以及“民告官”已经呈现出开放和正常的态势。这种变化是社会文明程度提高的直接反映。“民告官”

说到底就是“民督官”，就是公民对政府行使权力不满意的一种表达方式，更是《宪法》赋予公民的法定权利。“民告官”说明一切在法律的框架内解决问题，而不是之前的沉默或以暴制暴，这是法治文明的曙光。因此，绝对不可以胜败来评价任何一件行政诉讼。

坚持以人为本、全面、协调、可持续的科学发展观，就必须在继续经济体制改革的同时，大力推进政治体制改革，包括建立科学民主决策机制，建设法治政府，完善对行政权力的监督制度，包括人民代表大会的监督、舆论和司法监督。其目的就是实现2004年《宪法》修正案关于国家“尊重和保障人权”的基本原则。行政审判与人权保护最为密切，行政权得不到监督和保障，公民的合法权益就得不到保障，就没有人权的全面发展，小康社会就不可能全面实现。可见，行政审判在贯彻科学发展观中有着重要的地位和作用。

本案是一起典型的公众参与环境影响评价案例，并且该案是一起程序比较完整的案例，有信访、有行政复议、有两审程序，因此它应当是环境行政诉讼案件中的一个标本性案例。在新《环境保护法》明确公众参与环境事件的今天，其仍然有较好的指引作用。

湖北省骨架公路网规划环境影响评价案例

吴　婧* 张一心**

世界银行为支持中国和其他国家进行政策、计划、规划的战略环境评价（SEA），开展了区域战略环境评价项目试点以及一系列的研究、咨询活动。湖北省交通厅得到了世界银行的支持，对其编制的《湖北省骨架公路网规划》开展环境影响评价。同时该项目也是“以制度为核心的战略环评”全球试点项目之一，其目的是在传统的分析型战略环评方法以外，寻求新的战略环评实施框架与方法，使战略环评成为达至良好管制的工具。因此，在这个项目中制度分析和公众参与成为非常重要的部分。

该项目的公众参与需同时满足我国和世界银行对环境影响评价公众参与的要求。总体来说，在该项目实施期间（即2010年以前），在建设项目环评层面，世界银行对公众参与的要求比国内要更严格，公众参与程度、方法、手段要更规范并具有可操作性。在政

* 南开大学环境科学与工程学院。

** 内蒙古大学环境与资源学院。

策、计划、规划环评层面，二者都在探索过程中。因此该项目在启动阶段就针对公众参与工作制定了明确的目标，即：

- 谁来参与？（如何识别规划的利益相关方？）
- 怎样参与？（传统的公众参与方法是否适用？）
- 公众、规划编制部门、其他相关方在参与过程中会遇到哪些困难和问题？
- 如何应对这些困难和问题？

一、项目背景

该项目评价工作从2007年5月至2008年5月，历时1年。项目的总体目标是希望通过环境评价识别拟议规划的环境影响和社会影响，并提出相应的减缓措施和制度改进措施；协助湖北省交通厅提高在基础设施规划和计划中综合考虑环境和社会因素的能力建设，促进与交通开发相关的机构间的制度协调；通过该项目促进湖北省交通厅落实《环境影响评价法》的实施，并提高其规划的可持续性。

在拟议规划中，湖北省骨架公路网由6条纵线（含10条支线）、5条横线（含7条支线）和1条环线（含11条联线）组成，简称“651”，总里程约7350千米，其中高速公路约5000千米，一级、二级公路约2500千米，规划布局方案如表1和图1所示。

表1 湖北省骨架公路网规划方案

规划路线			里程/千米	规划路线			里程/千米
纵向路线	纵一	麻城—通山	250	横向路线	横三	黄梅—巴东	805
	支线一	麻城—武汉	55		横四	黄梅—利川	820
	支线二	黄石—咸宁	80		支线一	高家店—三斗坪	59
	纵二	大悟—赤壁	295		支线二	利川—苏拉口	50
	支线	汉南—监利	105		横五	阳新—咸丰	745
	纵三	随州—岳阳	340		支线一	通山—嘉鱼	70
	支线	天门—赤壁	150		支线二	崇阳—通城	40
	纵四	襄樊—公安	310		支线三	武穴—阳新	40
	支线一	荆州—监利	140	环线	一环	武汉绕城高速	188
	支线二	荆门—石首	105		联线一	天河机场路	18
	纵五	老河口—宜都	360		联线二	岱家山—黄陂	25
	支线一	丹江口—老河口	20		联线三	武东—沪渝高速	16
	支线二	远安—宜都	125		联线四	武汉—洪湖出口公路	46
	纵六	郧县—来凤	680		联线五	武汉—蔡甸出口公路	35
	支线一	恩施—黔江	105		联线六	武汉—红安出口公路	32
	支线二	兴山—五峰	110		联线七	武汉—英山出口公路	27
横向路线	横一	麻城—竹溪	805		联线八	武汉—鄂州出口公路	23
	支线	红安—黄陂	20		联线九	武汉—咸宁出口公路	16
	横二	英山—郧西	690		联线十	武汉—孝感	33
	支线	十堰—白河	85		联线十一	武汉—黄冈出口公路	90

注：表中数据未扣除重合里程。

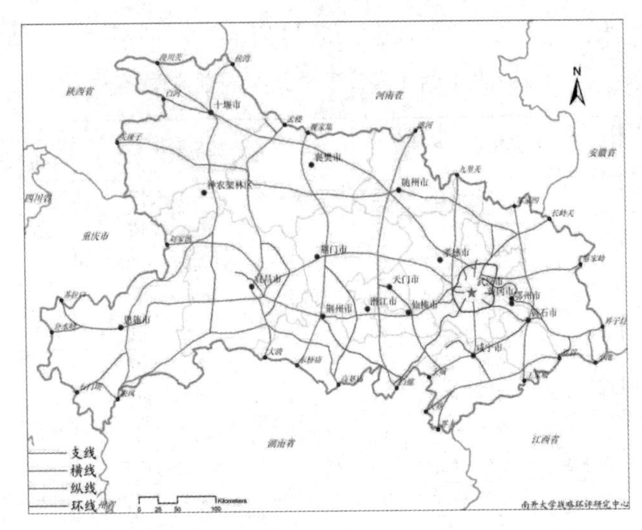

图1　湖北省骨架公路网规划（2002~2020年）

本次规划环评分6个阶段开展工作，技术线路如图2所示。

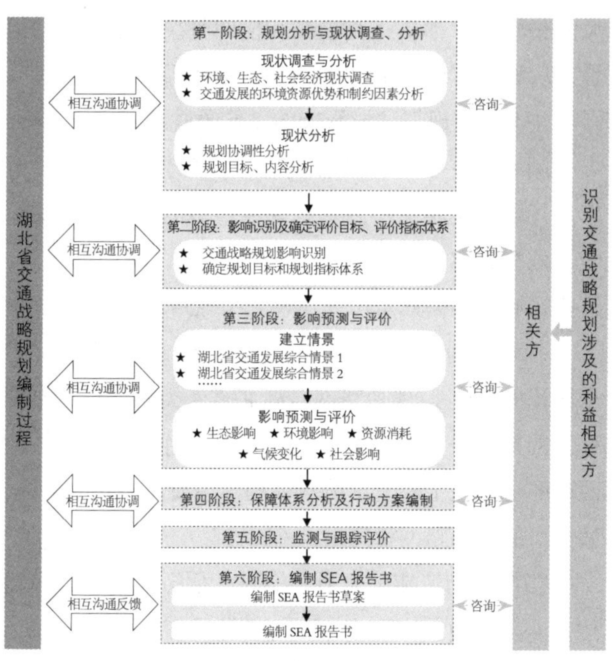

图 2　技术路线

二、主要环境影响与评价结论

该规划实施后，将导致当地大气污染物（如：CO、NOx、PM10）和温室气体排放强度的增大。鄂东地区的污染物排放远大于鄂西，污染物排放强度较

大的路段几乎都集中在纵二和横四骨架公路线上。但是，从相关方咨询的结果和各项工作经验来看，大气影响并不是该规划环境影响的主要矛盾。

湖北省受公路噪声影响的人口总数将达到110万人。其中，受路网噪声影响人数最多的区县是武汉市区、仙桃市区、荆州市区、孝感市区、襄阳市区等。这些区域基本都分布在纵二和纵三线路附近。

规划路网共占地202.83平方千米，相当于湖北省总面积的0.1%；规划路网对湖北省各类用地都有不同程度的影响，对耕地和林地的占用达到规划永久占地面积的94%以上；受影响较大的市主要集中在中南部，武汉市的规划路网密度最大。

路网规划造成的全省生态系统服务功能净损失量达25 497.89万元/年，大致占全省目前生态系统服务功能价值总量的0.1%，基本没有对各类生态系统的服务功能产生明显威胁。

穿越水土流失密度很高区域的规划公路面积有42.81平方千米，穿越水土流失密度较高区域的规划公路面积有53.63 平米千米，分别占规划公路总面积的21.11%和26.44%。这类区域主要分布在鄂西山区以及东、北部丘陵地带，5条横线和纵一、纵五、纵六及其支线的大部分将穿越这些水土流失高密度地区。

规划路网可能影响国家级自然保护区7个、省级自然保护区6个、国家级森林公园2个、省级森林公园4个。6个磷矿、10个铁矿、10个煤矿、9个铜矿、4个石灰岩分布地以及1个金矿可能受到规划路网的影响。

湖北省地质灾害极易发生区和较易发生区主要分布在鄂西山区和东部丘陵区的部分区域，规划路网穿越这两类区域的面积分别为46.01 平米千米和53.95 平方千米，分别占总穿越面积的22.7%和26.6%。

全省水系和公路网相互交织，纵一、纵二和纵四及其支线、五条横线、环线及其联线均在鄂东南平原很大程度上与水系相交或并行。同时，全省15个饮用水源地可能受到不利影响。

此外还对当地社会经济、少数民族、交通安全等非传统环境影响因素进行了分析。

三、谁来参与?

确切地说，该项目公众参与过程更类似于“相关方咨询”的过程。使用相关方识别矩阵的方法识别了该规划环评涉及的各相关方，包括相关政府部门、交通设施使用者（包括行业协会）、交通设施服务提供者（包括行业协会）、环保NGO。并根据可能受拟议规划的影响程度和相关方的重要程度进行了分类，见图3。

识别出相关方后，就要与这些相关方取得联系。对于相关政府各部门，由于在规划编制过程中，有规划联席会制度（这是规划编制过程中的法定要求，在规划编制的不同阶段，规划编制部门要向相关其他政府部门征求意见），出席规划联席会，参加规划编制部门正式的咨询活动是这些政府部门的法定职责，而且拟议规划也有可能涉及这些部门的自身利益。因此这些部门通常都会有专人负责拟议规划的各类咨询活动。有时这些部门还会出具由部门首长认可的正式的咨询意见，以存档备查。但通常他们只参加正式的或官方的咨询活动（即由规划编制部门组织，并有官方出具的正式邀请函或协作函），对于环评单位进行的访谈、调查问卷等非正式的咨询通常采取消极态度。

相关行业协会和公司则对拟议规划的环评工作毫无兴趣。也许他们并不是对规划本身不感兴趣，而仅仅是对环评工作不感兴趣。也许他们只是认为环评是一项技术性工作。也可能是不确定自己提出的意见会产生什么样的后果，因此作为营利机构，对于自己组织目标之外的其他事情保持一种谨慎的态度。

在环评工作之初通过文献检索，识别出了3个注册于湖北省境内的民间环保组织。但根据网上的联络方式，环评单位最终也未能与这3个机构成功取得联系。

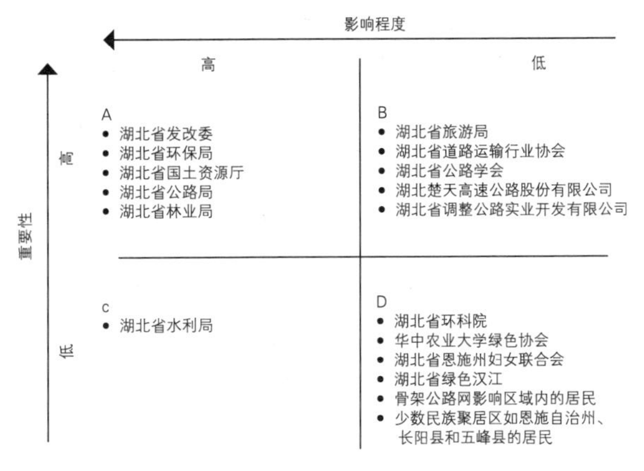

图 3　相关方识别矩阵

四、怎样参与?

相关方咨询工作的目标是识别出相关方对于交通

发展的认识、关注问题以及对政府行为和政策的期望。规划编制部门和环评机构通过研讨会和访谈的方式咨询相关机构，同时设立专门网页向其他相关方进行咨询。该网页在湖北省交通厅网站和评价机构的网站设置链接，为关注该战略环境评价项目的非政府组织以及受骨架公路网影响的居民提供参与环境评价并提出意见的机会。开展的主要咨询工作如表2所示。

表2　相关方咨询活动

阶段	咨询方式	关键议题	参加方	时间安排（具体时间待定）	地点
1	研讨会	现状信息咨询	湖北省交通厅、湖北省环保局、湖北省环科院、湖北省旅游局、湖北省国土资源厅、NGO等	2007-7-15	武汉、恩施、长阳、五峰
	半正式访谈				
	非正式访谈		少数民族居民		
2	调查问卷、访谈等	咨询优先考虑的问题	相关部门、机构	2007-8	--
	非正式访谈		少数民族居民		恩施、长阳、五峰
3	研讨会	发展情景咨询	湖北省交通厅、湖北省发改委等	2007-10-30	武汉
	非正式访谈			2007-10-30 ~ 11-1	
4	研讨会	讨论保障体系分析及行动方案	相关部门、机构	2008-1-1	武汉
6	研讨会	讨论报告草稿	相关部门、机构	2008-3-15	武汉
2、5、6	网上调查	SEA过程的意见和建议	公众（受影响居民）	2007-8 ~ 2008-4	湖北省交通厅及环评机构网站

相关政府部门在正式的咨询活动中提出了许多意见。这些意见涉及土地利用、拟议规划对重要生态功能区的影响、规划的交通走廊是否可能压覆重要的矿产资源等。由于有些部门会提供正式的书面意见，因此这些意见受到规划编制单位和环评单位的重视。在环评报告中，一般都有详尽的回复。与其他相关方相比，相关政府部门的参与比较深入，其意见也会对拟议规划有影响。

来自相关行业科研机构或当地的专家在咨询活动中相当活跃。他们或是由于掌握当地的情况，或是由于具有专门的知识，在咨询活动中提出了很多意见和建议，为环评工作提出了很多指导意见。由于这些意见仅代表专家个人意见，并不受行政部门的约束，因此意见涉及范围较广。

对于一般公众的访谈收效甚微。绝大多数接收访谈的公众对拟议规划并不了解，而且也不认为拟议规划对其自身有直接和间接的影响。网上的公开咨询也没有收到任何回复。

识别出的3家注册于湖北省境内的民间环保组织，或是认为拟议规划不属于其工作领域，或是根本无法

取得联系。

五、问题与思考

1. 为什么听不到一般公众的声音？

规划在我国政府管理过程中具有重要的地位，传统上规划一直是作为技术工具的面貌出现，由专业的规划师按照规划行业技术规范制定规划，因此规划过程相对封闭、缺乏沟通与协商。许多规划在前期阶段甚至是保密的。尽管规划涉及民众生活的切身利益，但一般民众往往是最后知道的。

尽管目前一般公众的环境意识已提高，但其关注的焦点往往是身边的、明显的环境污染问题，例如，近年来关注度极高的大气雾霾问题、垃圾焚烧场选址问题、重污染企业偷排问题等。公众的关注还没有扩展到更宏观的规划领域和公共政策领域。

一般公众对“参与环境评价”这一法定的、正式的民意表达渠道还不熟悉。相比较而言，一般公众对街头巷议、公开媒体、微博微信、上访、直接对抗这类活动更熟悉、更信任（因为一些先例）。

2. 为什么听不到民间环保组织的声音？

根据相关国家的经验，民间环保组织是参与环境影响评价的重要力量。民间环保组织可以团结一般民众、代表一般民众，增加民意的话语权。在我国，民间环保组织也确有一些成功的参与案例（如联合发起暂缓怒江水电开发案例）。但在该项目中，却没有听到他们的声音。其原因是多方面的。首先，各方缺乏交流合作的经验。规划编制主管部门、规划编制单位、环评机构和民间环保组织之间相互都缺乏了解，以及通过环评公众参与平台交流的经验。民间环保组织想参与时参与无门，环评机构想征求民间环保组织意见时，也不知如何联系。相互之间都找不到。其次，相互之间心存戒备。有时尽管意识到环评提供了参与平台，但项目方担心民间环保组织成为“麻烦制造者”而有意回避，民间环保组织由于担心自身组织的安全性，而不愿以组织的身份直接参与，或仅在幕后起推动作用。最后，环评公众参与机制本身还不成熟，难以成为各方协商的平台。

3. 谁的参与更重要？

近来一直有一种观点，认为对于政策、计划、规划的环境影响评价，相关政府部门和专家的参与应该是重点。其理由包括，政府部门和专家掌握信息、数

据和专门知识；他们提出的意见和建议往往更有针对性（换言之“更正确”）；当然其参与过程也较固定和规范，容易操作。但是，如果我们回到规划编制目的这一根本的问题时，答案就显而易见了。规划不只是政府管理的一种技术手段，更是一种公共政策工具，应服务于民生。因此，不能简单地以民众“无知”或“不能以理性面对问题”来作为拒绝一般民众参与的借口。也不能一厢情愿地、主动去“代表”一般民众，应该给普通民众说话的机会，并仔细聆听他们在说什么。信任应该是通过持续的交流和沟通逐步建立起来的，对于参与的各方，耐心和诚意远远比“科学、正确”更重要。

六、结　语

该项目结束时，在启动阶段针对公众参与工作制定的目标并没有完成，提出的问题可能也没有很好的答案。最希望出现的声音，并没有出现。既意料之外也是情理之中。即使在该项目结束6年后的今天，当我们整理案例时，仍然无法给出满意的答案，或者说最佳的参与模式。但努力和思考的方向似乎是正确的。从评价机构的角度来说，完美的技术报告似乎越来越无法成为项目的通行证。政府部门和一般公众似乎都应该重新定位一下自己在决策过程中的位置，是过于自信还是应该更加自信，是过于主动还是应该变被动为主动。另外，民间环保组织这个我们一直非常关注的群体，应该在环评公众参与制度改进的过程中起到更积极的作用。

杭州第二水源千岛湖配水工程环评公众持续参与案例分析报告

刘　波*

在杭州市第二水源千岛湖配水工程环评阶段，因项目背景和水污染问题引发公众的高度关注。公众在环评公示阶段持续参与，导致社会舆论与政府部门的激烈争论，流域沿线杭州、淳安、建德、桐庐、富阳各地的公众持续参与讨论，质疑该工程的合理性与科学性，并利用环评公示环节合理表达公众利益诉求，教师、医生、律师、工人、学生等不同职业身份的人士自发组织起来，积极参与该项目的讨论，通过组织讨论会、递交建议、邀请专家解读环评、民间模拟环评、对该工程及其工程利益方展开全方位的监督等形式，表达质疑和反对的声音，最终对政府决策产生影响。

一、案例背景

1.水源地

千岛湖系1959年在新安江建德马铜官峡筑坝兴建

* 常德市江北水系治理办公室。

水电站而形成的人工湖，即新安江水库，是长三角最大的淡水人工湖，湖水水质在中国大江大湖中位居优质水之首，也是长三角最后一片大型清洁水源。千岛湖景区总面积为982平方千米，其中湖区面积573平方千米，因湖内拥有星罗棋布的1078个岛屿而得名。杭州千岛湖与加拿大渥太华金斯顿湖、湖北黄石阳新仙岛湖并称为“世界三大千岛湖”。

2.引水计划的提出

作为长三角地区战略备用水源的千岛湖，具有一级地表饮用水的独特优势。早在20世纪70年代，浙江省便针对向新安江、富春江引水等问题进行过相关研究，并提出浙北引水设想。1997年4月10日，《浙江日报》提出“把千岛湖推向市场”。2000年，时任浙江省省长柴松岳提出，由浙江向华东提供等同的容量、电量，由浙江来开发水库。同年底，由浙江省水利厅牵头，一份名为《浙江省新安江水库引水工程调研报告》出台，并在此后完成相关规划和项目建议书。但因对水资源的利用存在不同的观点，该方案暂缓。

3.引水计划的搁置

2003年，作为江南水乡的杭州、嘉兴一度面临

“水乡缺水”（主要是污染引起的水质性缺水）的窘境，引水计划被再次提出。同年6月，浙江省政府成立由常务副省长直接挂帅的新安江引水工程前期工作领导小组，整个引水工程初步规划的年取水能力为13亿立方米。至2004年，浙江省水利厅还专门对千岛湖引水方案进行讨论。根据当时设想，千岛湖水将通过隧洞，直接跨越桐庐、富阳，引水至杭州闲林地区，再一分为二：一路通向东北方向的杭州、嘉兴；另一路转向东南，跨越钱塘江至杭州萧山、滨江区。预估全线输水线路长度为872千米，供水总规模约每天462万吨（换算为年取水量约合16.86亿立方米），总投资128亿元。按照当时的方案，取水工程并不仅仅针对杭州，还涉及同样缺水的嘉兴，甚至考虑为上海供水。该方案最终未进入项目编制阶段就被搁置。一个重要因素是全国政协原副主席、中国工程院院士钱正英对引水工程表示反对。这位水利部原部长认为，引水要先治污，解决饮用水问题首先考虑的是整治好钱塘江。像千岛湖这么好的水，要留给子孙用。当时该方案还遭到新安江沿线下游相关县市及当时新安江水电厂上级单位——华东电网的反对。相关县市担心，如铺管引水，会对当地的环境产生影响。由于该方案一直搁置，此前对该方案表示极高关注度的上海、嘉兴等地陆续放弃或暂缓相关计划。嘉兴后来启动从太湖（太浦河）取水工程，并将太湖作为当地未来10年内的主要饮用水。上海则选用从长江取水方案。

4.引水计划的复出

自2004年以来，因污染事件频发、海水倒灌等原因，位于钱塘江下游的杭州等城市自来水源地水质不断恶化，特别是2011年杭州市多次发生自来水异味事件，造成市民恐慌，杭州市政府再次启动千岛湖引水方案。2011年6月成立了杭州市林业水利局千岛湖引水工程前期工作领导小组，并下达了前期工作经费1200万元。2012年3月，杭州市政府正式提出千岛湖引水工程的项目计划。这一工程方案引起了很大的社会争议，公众以生态破坏、治污不力、缺乏生态补偿机制等不利因素对工程方案提出质疑。

5.引水计划的启动

2014年3月7日，浙江省发改委批复同意杭州第二水源千岛湖配水工程项目建议书。2014年3月12日，该工程环境影响评价也开始第一次对外公示。按照杭

州市林业水利局的设计方案，千岛湖引（配）水工程涉及千岛湖至闲林水库线路长约111千米。由进水口、输水隧洞、控制闸、闲林水库取水口等组成。输水隧洞全线采用钢筋混凝土衬护，以保证供水安全。进水口位于千岛湖淳安县境内的金竹牌（滩）。工程静态投资约98亿元。供水范围为杭州市区（杭州主城区、萧山区和余杭区东苕溪以东平原地区）及工程沿线的建德、桐庐、富阳的部分区域。该配水工程计划每年从千岛湖引水9.78亿立方米。按计划，该工程将在2014年年内动工，4年后杭州市民能喝上和农夫山泉一样的千岛湖水。

二、公众参与历程

在杭州市政府正式提出千岛湖引配水方案、启动前期工作及进入环评阶段后，流域沿线民众就以各种方式对该方案进行质疑。

1.社会倡导

2012年4～5月，流域沿线民众呼吁科学论证千岛湖引配水方案，引起当地媒体及外地媒体的关注。2012年5～6月，一万多民众签名反对千岛湖引水计划，签名册由几位社会活动人士收集、保存。2012年

5月19日，部分民众在杭州数个景区发放关注母亲河环保袋，以吸引社会关注，后被当地警方叫停。2012年5月14日，《南方周末》《东方早报》对该项目及民众反应进行了报道，引起全国有关人士的关注。2012年6月，为寻求社会力量的支持，当地活动人士与中国水安全计划等环保公益NGO组织联系，获得理解与支持。2012年6月，部分民众给省市领导寄送公开信，公开表达反对千岛湖引水计划的意见。2012年7～9月活动人士拜访有关水利专家，探讨该项目实施的可能性与科学性。2012年9月15日，由建德籍社会活动人士发起公众环境倡导，自筹经费给一万多名在外地的建德藉校友寄送有关引水工程的信息资料，以获得对反对引水计划更广泛的理解与支持。2012年11月，部分民众受邀与杭州市林业水利局专家面对面交流探讨引水工程的利弊，对项目可能引发的一些环境问题进行探讨。2012年11月，正值政府和民众对引水计划进行激烈争论的阶段，杭州发生自来水异味事件，各大超市桶装水、瓶装水被一抢而空，《南都周刊》对此次事件以《自来水危机》为题进行了报道，政府以此为契机，加快了饮水工程实施的计划。2012年12月至

2013年4月，部分活动人士拟筹建关注母亲河的本地NGO，并对该组织的工作方案进行了讨论。2013年5月，很多民众不断加入反对饮水计划的行列，并通过微博等自媒体在互联网持续呼吁社会关注，介绍项目对环境的危害，并关注工程论证进展。

2.聚焦环评

2013年12月，杭州有关部门根据政府意见，将千岛湖引水工程改称配水工程，在前期方案中将引水量从原先预计的20.7亿立方米减少为9.8亿立方米，嘉兴市正式放弃千岛湖引水计划。2014年3月7日，浙江省发改委批复同意杭州千岛湖第二水源配水工程项目建议书，引起社会强烈关注。2014年3月12日，杭州市环保局公布千岛湖配水项目进行第一次环评公示。2014年3月15日，杭州市环保局组织部分专家及市民召开配水项目环评讨论会，以此表达社会参与的意愿，但反对该计划的活动人士不在受邀请之列。2014年3月17日，部分活动人士向浙江省环保厅和负责承担环评工作的浙江环科环境咨询有限公司亲自递交了万人签名册，向环保部门表达反对引水计划的意愿。2014年3月22日是世界水日，活动人士发起全球征集建德、淳安、杭州三地“留住江湖”暨征集意见活动，旅居海外及国内多座城市的三地籍人士发来照片及宣传牌，表达支持反对引水的意见。社会公益人士在新浪微博开辟“留住千岛湖”微博话题，成为社会公众发表意见的主要交流平台。2014年3月24日，《东方早报》再次聚焦民众反应，以万人反对为题做了报道。之后，《华夏时报》也做了跟进报道。2014年4月29日，在争议激烈的社会舆论下，杭州市环保局将环评工作程序按时推进到了第二次环评公示。

3.行政复议

2014年4～5月，部分活动人士针对浙江省发改委项目建议书批复的合理性，筹备向国家发改委提出行政复议申请，期间持续多次向各部门提出信息公开申请，商讨应对策略。2014年5月23日，杭州市林业水利局、浙江水利水电设计院与浙江省环科院、环评单位、杭州市社科院、新安江电站、浙江大学、浙江省环保厅等单位的领导与专家代表，以及43位杭州各县市区的民意代表召开了环评讨论会，公众代表在会上发表了反对引水的意见。2014年6月24日，杭州市政府向杭州市第二水源千岛湖配水工程若干问题解答，

对公众关心的问题向社会发布了进行了解释。

三、争议焦点

在杭州千岛湖引配水项目提出与前期实施过程中，政府及有关部门与民众的争议焦点主要围绕以下议题。

1.生态环境

主张引配水的意见认为，该工程取水量经过了科学的测算，不会对干流水量及流域生态环境造成较大的影响，新安江水库也会对流量进行科学合理的调度。工程实施期间将确保对环境的影响降到最低。而包括水利部原部长钱正英等在内的反对者则质疑该工程会对沿线生态环境造成难以修复的影响，甚至危及建德母亲河新安江的水质，引水将破坏钱塘江千年生态，千岛湖水量有限，又被分流，会导致下游的新安江、富春江、钱塘江水量不足，成为小水沟，造成整个流域生态恶化，会出现上下游抢水喝的恶性循环，杭州将面临滨江无江、西湖无水可换的窘境。新安江是从新安江水库（千岛湖）流出的钱塘江上游河段，兰江为钱塘江最大支流的一段。而新安江水源的1/3来源于千岛湖，2/3来源于兰江。冬季时，千岛湖放水少，新安江就有变臭的可能，呼吁“慎重研究、科学决策，切不可盲目决策和开工建设”。

2.引水管道

根据设计，在配水工程输水线路中，有九成以上线路走隧洞，以有压隧洞（水流充满整个断面的隧洞）方式重力流输水，输水管道则全线采用钢筋混凝土衬护。输水管道藏在山体内，被厚厚的岩石包围着，岩层里面还有一层钢筋混凝土保护。管道按照地势，设计成由高往低走，水会顺着地势流向闲林水库，不容易受到环境影响。采用隧洞开挖及衬砌的施工方法，已经比较成熟了。而且工程区地震活动微弱，是区域构造稳定区。考虑到工程的重要性，主要建筑物按地震基本烈度提高1级进行设防。另一方面，将取水口定在金竹牌，也是因为这里水面开阔，便于日常监测和养护。虽然千岛湖配水工程是杭州最长的水利工程，但在历史上，这个线路还不算长，世界上有更大的输水工程都有成功的经验。而反对者认为，800多千米的人工输水管道同样面临二次污染问题，杭州有可能会陷入灾难性的水危机。而长距离的管道工程必然会对沿线生态环境造成严重影响，而巨大的投资、维护

成本，必然使得水价昂贵，百姓喝水并不实惠。

3. 污染治理

主张引配水的意见认为，杭州市民多次反映自来水出现异味，虽然经过有关部门的检测，称自来水符合国家标准，但给杭州市民带来了对饮水安全的严重担忧。濒临钱塘江的江南水乡，杭州面临着水质性缺水的困境，已经是不争的事实。因此，早在十多年前，杭州市政府就出台了把远离杭州市的千岛湖作为杭州第二水源的方案，虽然要投资128亿元，建设800多千米的输水管道，但却可以让杭州市民饮用到千岛湖的优质水。反对者认为，引水工程百害而无一利。针对近年来水污染加剧的现状，水质性缺水是杭州水资源危机的根本原因，解决污染问题是治水工程的本质，如果急功近利，以调水解决水资源问题，终究会无水可调，造成的危害是难以估量的。钱塘江污染、咸潮、突发性事故是引水的理由，但杭州自来水公司多年来宣称自来水是合格的，如果治理了污染，自来水水质更有保证，闲林水库取水口上移后，完全可以避免咸潮影响。

4. 民生政绩

主张者认为，实施千岛湖引水工程是贯彻落实中央水利工作会议及省、市实施意见精神的需要，是实施省、市国民经济和社会发展第十二个五年规划纲要的要求，是保障杭州供水长远安全的重大举措。而反对者认为，引水是牺牲沿岸数百万居民的生计，以满足城里人直饮“农夫山泉”之需，杭州千岛湖引配水工程缺乏科学性和合理性，是典型的政绩工程和面子工程。

四、分析结论

在杭州千岛湖引配水工程项目提出及前期工作启动过程中，尽管社会环境对公众参与还有很大的障碍，但通过公众参与，该项目的利弊得到了充分的讨论，公众参与取得了预期的效果。

1.制约了决策

由于公众的积极参与，在千岛湖引水项目提出与前期工作启动过程中，社会公众利用环评公示这一法律程序节点，与政府有关部门就该项目的社会经济效益和环境效益进行讨论和建言，甚至进行激烈交锋，对政府的决策起到了制约作用，无论是十多年前引水计划的长期搁置，上海、嘉兴两市逐步退出引水计划，还是杭州政府将引水工程改为配水工程，以及对引水量的调整，都是公众参与取得的积极成果。

2. 人文环境的改善

千岛湖引配水工程在决策过程中可谓遇到了公众前所未有的阻力，导致搁置、间断，前后长达十多年时间，达到了保护浙江脆弱的生态环境的效果，公众持续不断的参与，表达自己的意愿和意见，让社会内部的张力得到释放，避免了社会内部可能爆发的激烈冲突，社会人文环境得到改善。这部分得益于浙江适度开明的人文环境，也得益于浙江民众环保意识和公民意识的觉醒。

3. 法律精神的张扬

在杭州千岛湖引配水工程启动过程中，社会公众理性参与，充分利用环评公示这一关键节点，通过法律程序合理表达诉求，无论是在“万人签名”及“保护母亲河”公众倡导活动中，还是在征求环评公众意见和申请信息公开、行政复议的具体法律行动中，发起人利用法律赋予的权利，文明理性，不与政府发生激烈冲突，有效地保护了公众参与权，张扬了法律精神。

4. 媒体的运用

在公众参与与政府力量处于僵持阶段的时刻，《南方周末》《东方早报》等媒体的介入，有效地增强了公众的话语权。社会活动人士充分利用微博、微信等新媒体推介环境理念，表达自己的诉求和主张，赢得了社会舆论的支持。

五、建　议

环评公众参与环节是法律赋予社会公众的天然权利，通过杭州千岛湖引配水工程项目环评公众参与的实践与经验总结，可以从以下几个方面作出努力。

1.扩大知晓面

社会公众并不完全掌握有关项目的信息，特别是环境信息，政府有关部门为了走程序，尽可能将项目信息的社会知晓面控制在最小范围内。社会公众及有关环保组织要及时关注项目进展，与政府有关部门保持沟通，并将项目信息通过有关渠道传播给社会公众，扩大社会知晓面，吸引社会公众积极参与。

2.推进阳光政务

社会公众与环保组织要主动督促政府部门履行法律义务，推进阳光政务。在环评公众参与的有关咨询会、听证会、社会调查等环节，除增加参与人数外，在参与人员的代表性、利益相关性等方面有所突破，

达到真实反映民意的目的。

3.改进社会管理

在环评公众参与环节，政府有关部门为了控制民意，对公众交流、环境倡导活动采取打压、控制的措施。社会公众和环保组织需要建立与政府的对话渠道，帮助政府改进社会管理模式，让社会公众参与环评成为常态。

六、结　语

争议还在继续，项目还在跟进，但杭州千岛湖引配水工程公众参与案例为公众参与提供了一个示范性样本：社会人文环境的改善为公众参与决策提供了良好的社会环境，且随着社会的进步，这种社会环境和法律环境将更加良好；社会公众环境意识和人权意识的觉醒加快了公众参与的进程，公众参与政府决策将由自发状态转入程序规范状态，社会发展机制将迎来重大转机，为社会利益各方提供冲突的正确解决途径，降低社会冲突的烈度。

从社会影响评估的角度解析PX系列事件

绿色流域调研小组

PX项目是对国民经济具有重大意义的化工项目，但它的建设工程却引发了一系列群体性事件，陷入了“不能不建、一建就闹、一闹就停”的死循环。如不认真总结、分析，不仅会影响以后PX项目的上马，还会进一步影响到今后大型工业项目特别是重化项目的建设，更会影响中国社会公平和稳定。

为了了解PX事件不断发生的原因，绿色流域调查组作为第三方，在收集相关资料的基础上，就PX系列事件开展实地调查。先后在杭州、宁波、福州、厦门、漳州、昆明等地，以实地考察、走访相关组织机构、街头调查、问卷调查等方式，了解宁波镇海、厦门海沧、漳州古雷这3个PX项目与相关事件的情况，发现形成这种形势的原因是多方面的、历时已久的和深层次的，明显地感到这是因为决策者不懂得、不重视社会影响评估而造成的不良后果。

在调查中，NGO、利益相关的群众和一些关心社

会问题的各界人士，交流意识较强，为我们提供了许多情况和思路。“兼听则明”，我们当然也希望听到政府和企业的意见，如项目建设的依据、开展的各项工作、难处和思考等。但令人遗憾的是，他们普遍采取了回避的态度。在某企业及某县，接待人员都帮忙和多个部门联系，结果却没有一个部门愿意接待。通过NGO找到一些平时关系不错的政府官员，结果不是表示不方便见面，就是见了面也表示不方便表态。这样不但会对调查的全面性、客观性产生影响，也使政府失去了一个听取各方意见、总结经验、改进工作的机会。PX项目引发的事件频频发生，政府应对措施却没有应有的改进，和许多政府工作人员不愿面对问题不无关系。

一、两个“环境”的概念

从社会影响的角度分析PX系列事件，是我们这次调查的一个基本出发点。之所以选择这样一个角度，主要出于以下考虑。

（1）国际上关于环境的理念和有关法规，都是包括自然环境和社会环境两个方面内容的，“两个环境”是密不可分的。当前中国普遍存在的一个问题，是在谈到“环境影响”的时候，环境工作者和政府官员往往仅考虑自然环境，而忽略了社会环境的概念。甚至在社会环境问题引发环境事件频发的今天，这个问题还没有引起有关方面足够的重视。

（2）人类的发展对自然环境的损害是不可避免的。同样的项目，由于不同的社会环境、不同的做法，会产生不同的社会影响。一个项目是否可以接受，很大程度是由其社会影响决定的，将导致不同的自然和社会后果。

（3）环保NGO在保护自然环境的同时，其实也是协调利益相关者的关系，社会影响评估是NGO开展工作的有力手段。

调查显示，“社会环境”的概念在PX项目建设上有非常典型的表现。

二、决策者缺乏利益相关者思维，地方GDP至上，群众利益得不到保障

社会影响评估的理论要求，采取重大行动（如大工程建设、政策出台、举办重大活动）之前，不但要进行技术—经济可行性、环境可行性的论证，还要进行社会可行性的论证。就是说，将要采取的行动会影

响哪些人，如何影响这些人，这些人会作出什么样的反应；如何事前采取措施，让不良反应降低到最低限度。从厦门海沧、宁波镇海的PX项目建设来看，相关工作显然是不到位的。

政府首先是服务者还是管理者？其位置常常没有摆正。GDP至上造成决策者往往不顾一切，先造成重大不良社会影响，然后再来“维稳”。在调查问卷中，“环境优先于经济发展”成为公众最一致的选择之一，但许多政府官员仍然滞留在过时的行政价值观中，对参与式管理、群众意愿导向、程序正义等问题缺乏足够的意识，不注意广泛征求利益相关者的意见。

为了地方GDP，城市定位多次摇摆，打击了政府的公信力。以厦门海沧的PX项目为例，就技术—经济可行性而言，项目是可行的。但从环境可行性而言，就有问题。在GDP政绩观和“拍脑袋决策”的支配下，海沧区的定位变来变去，最后形成城市副中心和化工区两个矛盾的双重定位，是造成事件的重要诱素。厦门在《厦门市城市总体规划（1995 ~ 2010）》中，把海沧区定位为新城区和工业区。在海沧区建PX项目，是很早就规划好的；配套码头和两个下游工厂早已建成，运行多年；建设PX项目的地块也已预留。但后来又不顾环保人士的反对，采纳“高人”的“金点子”，在毗邻地区建设了大量的楼房，并挤占了预留的300m宽的卫生防护林带；《厦门市城市总体规划（2004 ~ 2020）》将海沧新市区升格为城市副中心。在这样的情况下，再上PX项目，定位明显冲突，是引发事件的重要原因。事后政府不得不承认只能保持一个定位。

而对具体项目的抢建（未批先建）、抢批（手续尚不完备就审批）、环评“缓评”极容易造成自然和社会两个环境问题的致命缺陷。例如，厦门海沧的PX项目就是在缺少区域环评的情况下创造“厦门速度”的；而最后否决PX项目的理由也正是区域环评：一个地方不能同时定位成化工区和城市副中心。有趣的是，经一系列PX事件发生之后，一些新上项目地区仍对可能面临的社会反应麻木不仁，缺乏应有的准备和应对措施。

需要指出的是，在政府方面，为了地方GDP，地方政府实际上都在争取PX项目在本地落户。在厦门与漳州、昆明与楚雄等对PX项目的争夺中，小地方都败于大城市；而从环境影响和社会影响角度的考虑，小地方都优于大城市；这反映了决策时的思考与体制缺陷：权力的权重大于环境和社会的权重。

在获取地方GDP的同时，当地群众的利益却遭到忽视。社会影响评估理论认为：地区承担主要的环境代价，而效益却不属于自己，是引发社会矛盾的重要原因之一。一位厦门受访者说："在PX事件中，到处都是感到自己的利益可能受到损害的人，却没有看到感觉自己会从项目受益的人。"在宁波，许多北仑人就认为，北仑的大发展并没有给当地居民带来多少好处，反而让他们遭受损失。一位镇海受访者说："政府收入增加，又不像澳门等地发给老百姓一些，都拿去美化马路去了，和我们有什么关系。"甚至政府官员也有类似的感受。宁波一位副市长也曾表示：不能为本地创造收入，却占用大量土地，把污染留在当地，"这样的企业我们不要"。政府引进项目的主要推动力是发展当地经济，在群众中却没有多少受惠的感受，因而难以获得理解和支持。究其原因，有财政体制的问题、政府工作和财政投入取向的问题，也存在缺乏宣传教育、没有通过参与式管理取得社会价值共识等方面的问题。

三、政府试图选择和控制信息，反而损害自身公信力

根据社会影响评估理论，信息发布，必须满足“全面”“事前”“真实”三个基本条件，才能真正起好作用。调查发现，目前官方信息发布不但难以满足这三个基本条件，就连已有的规定也经常有法不依、敷衍了事。和社会信息相比，官方信息迟缓、单一、死板。调查问卷显示，在信息发布“充分性”“及时性”“真实性”三个选项中，社会信息在前两项明显占优；政府虽然在“真实性”选项上占优，但优势并不大。实际上，在官方信息正式发布之前，社会信息早已在当地传播开来。厦门形成群体行动最有力的推手是“百万短信”；宁波形成群体行动的有力推手是QQ群。一些政府部门不喜欢别人的宣传，自己又不积极宣传；自己宣传公信力不够，又不愿意和第三方交流、借助第三方与公众沟通。

在信息社会，还死抱“信息是可以选择性控制的、意识是可以灌输的”陈旧观念，必然严重损害信息和信息发布者的公信力，让老百姓变成“老不信”，在信息战中落败。每次PX项目的负面信息是通过公众或媒体

传出，而非政府主动发布，都是对政府公信力的损害。

在调查中，发现群众中普遍存在对政府、企业不信任的态度，甚至有逆反心理。为了地方GDP而忽视其他利益相关者的权益、对信息的选择和控制、对公众意见表达缺少回应，以及长期环境问题及其衍生的社会影响的积累，都是形成这种不信任的原因。这种不信任常见表现在以下几个方面：

（1）不相信政府会对企业和群众一碗水端平，认为政府会偏袒企业。

（2）不相信政府、企业公布的信息，认为其是经过选择的、为达成政府、企业目标服务的。

（3）不相信政府的环境测试结果，认为政府为了政绩、掩盖矛盾会弄虚作假。

（4）即使设备先进，也不相信企业会严格遵守操作规范，而会故意偷排偷放。

（5）不相信企业能严格管理，杜绝重大事故发生。

（6）不相信政府能严格监管企业，特别是大型企业。

（7）不相信政府的承诺，认为经常说了不算。

（8）不相信专家是中立的评判者，认为其中许多是政府找来的托。

四、缺乏有效沟通和回应，公众意见表达无门

社会影响评估理论认为，有效沟通是减少不良社会影响的重要措施。官方对群众的感受、诉求不重视，是当前普遍存在的严重问题。在厦门，海沧房价暴跌问题通过各种渠道强烈反映至少一年多，事件发酵约3个月，官方都没有回应。在镇海，刺鼻气味让群众晚上都不敢开窗，癌症高发成为当地群众最关切的话题。但向上反映，不是得不到回答，就是回答环境经检测合格。一家环保组织通过各有关部门、市长热线、媒体、人大代表、政协委员等一切可用的渠道反映问题，但都没有得到答复，于是产生了进一步“引起关注”的想法，结果事态发展不可控制，成为事件的诱因之一。有趣的是，事后所有的相关单位都迅速对该环保组织给出答复，更凸显了这些单位事前的不作为。在PX项目的危害性上，双方都在发布信息、观点，但多是隔空喊话，各说各的，缺少面对面交流，当然也就难以达成共识。

长期不听取公众意见的结果。在厦门海沧的PX项目听证会上，来自各方的信息，其范围之广、视角之多，让北京来的专家也难以现场回答，只能表示

“我主要是来听听大家的意见”。而这些意见事前都没有被征集到，听证后又再也没有回音。

五、PX系列事件根子在于不良社会影响的积累，而不是对项目污染的不同认识

形成这种局面的原因是多方面的、历时已久的和深层次的；是决策者不懂得、不重视社会影响而造成的不良后果。

地方政府对石化企业污染的社会影响长期置之不理，是导致公众反对PX项目的一个原因。中国石化企业污染控制标准相对于国际同类企业，标准低、陈旧、粗糙，早已不符合人类健康需要。在厦门，从已建企业发出的气味、粉尘、浓烟、交通运输、噪声等方面，公众都明确感到环境恶化。此时，又听闻PX项目即将上马，是引起部分群众上街的直接原因。

其他多方面的不良社会影响长期累积的结果，是部分人的行动演变成了大规模的群体行动的另一个原因。 绝大多数群众对建设PX项目的必要性和它的环境实际危险并不清楚；他们持反对态度是多原因的，是过去许多不良社会影响积累的集中诱发。在这里建PX项目与厦门“海上花园城市”的定位矛盾、落后的排放标准、群众强烈反映的已有炼化项目污染问题一直得不到解决、对单纯“GDP主义”的不满、PX项目上马的消息引发房地产价格暴跌没有得到官方应有的重视、信息不透明、利益相关者要求参与论证以影响决策的要求没有得到应有回应、社会对政府和企业的不信任感、群众对“应急型维稳”强制性措施的反感（一些群众反映，政府不许上街的紧急通知反而成了他们上街的信息来源和激励因素）等各种积累的社会不良影响，都借这个口子宣泄出来。“无关者的积极参与”是不良社会影响大量积累的重要标志。

从厦门PX事件起，项目处置始终是一笔糊涂账，一直影响到以后的一系列PX项目。

六、总　结

1.改变决策思路，把对话和沟通放在第一位

在调查中我们意外发现，无论持什么态度的人，对事件最后结果评价的选项，几乎全是“双输”。没有人希望这样的局面继续下去。必须总结经验，走出死循环。政府和群众想不到一块，主要责任在政府，应主要通过政府改进工作来解决，因为政府的职能是“为人民服务”。决策时必须坚决抛弃GDP至上的陷

阱，更多地关注人民的意愿、懂得社会环境的重要性。

为了改变这种局面，政府和公众双方都需要作出调整，尤其是政府。

2.政府部门应按照社会影响评估理论审视项目的环境问题

（1）通过立法明确规划过程信息公开和公众参与的程序。重视规划中的利益相关者参与，在规划初期就应该广泛征求意见，改变精英决策模式，维护程序正义。公布信息要全面及时真实，加强正面对话，对合理性建议要采纳并实施。

（2）确保规划之间、规划和实施具有一致性，诚信执政，重视维护政府公信力。

（3）注意社会影响的经常性、广泛性和可积累性。各个政府部门（而不仅是环保部门）在作出决策时，都应该先考虑三个问题：哪些会引起不良影响的措施可以不采取；对不得不采取的措施怎样采取相应辅助措施降低不良社会影响；无法避免的不良影响如何合理补偿。

（4）公众态度往往决定决策成败。政府和公众交流的过程中难免产生冲突，正确的态度是允许有限冲突，维权创稳。

（5）对决策过程中的这些非正常现象随意损害个体利益和眼前利益、无关者参与、政府自动站在企业立场而丧失自己的位置、体制引起的“逆淘汰”等，应随时进行自我检讨。

3.公众参与需要更加理性

必须指出，社会民众与NGO在群体性事件也有许多不够成熟的地方。主要表现有：

（1）从众心理较强，冷静、独立、全面、科学的思考不够。“别人不要的，我们也不要”成为对PX项目最流行的心态表达。

（2）诉求不明确。容易相信煽动性的不实传言。更多的是感情宣泄；拒绝和批评多，建议不足，能提出解决方案的更少。

（3）缺乏内部沟通和协调能力。各种不同诉求的人混在一起，无法产生共同意见和能与有关方面对话、协商的代表。

（4）容不得不同意见。在批评政府不民主的同时，自己也是不民主的。公众中有不同意见，甚至只是中肯一点的表达，都会遭到漫骂和围攻。

（5）不懂得“有限度的冲突”和必要的妥协等。

有人说，中国的民众诉求正处于“青春期”。所以，激情躁动、感情引导、建设性不足、对未来的困惑等一系列青春期症状都明显地表现出来。公众应该努力提高自己，尽早渡过“青春期”。

环评第三方审核：重庆武陵光伏材料有限公司年产6万吨铁合金生产线技改项目

丁文章*

重庆两江志愿服务发展中心（以下简称“两江环保中心”）成立于2010年2月，于2011年8月正式在重庆市民政局登记注册。两江环保中心致力于工业污染防治，运营环评公众参与网、环境影响力调查、见习工程师计划三个策略项目，通过污染源调查监测、环评第三方监督、推动行政执法、环境信息公开等手段，达成削减污染、行政提效的目标。

两江环保中心最开始关注的重点是污染现场，在寻求解决污染问题的时候往往会不断追溯问题的根源。当追溯到环评的时候发现环评行业存在一些普遍性问题，比如环评程序容易出问题、环评质量上不去、公众参与效果不理想、环评要求难落实。这时回过头来看环评制度的设计，发现其实是比较完备的，并且还

* 重庆两江志愿服务发展中心。

有公众参与的空间。于是两江环保中心就在思考，通过民间组织对环评全过程的监督、组织公众参与、积极将民间组织发现的环评过程中的问题及时反馈给环评的相关方，是不是可以让环评在程序上更正义、在质量上有突破、在公众参与上有效果，最后能真正实现削减污染、社会和谐。

两江环保中心把这样的工作方式称为环评第三方审核。2013年，两江环保中心对重庆22个项目开展了第三方审核，部分项目第三方审核取得了较好的成效，重庆武陵光伏材料有限公司年产6万吨铁合金生产线技改项目就是其中一个案例。

一、光伏亡，钢铁强

2008年席卷全球的金融危机给国内带来了不少影响，政府出台了多项保增长措施，新能源、钢铁方面的政策都有重大调整。大力支持的工业硅经过几年调整后在2012年前后行情急剧下滑，与之相对的钢铁行情还是如日中天。该项目环评第二次公示明确指出了技改原因——由于目前工业硅市场不景气，为盘活资产，降低损失，公司决定将部分矿热炉实施技改转产，拟将二期厂房4号、5号、6号生产高纯硅的矿热炉及其辅助设备进行技术改造，建成3×12600kVA铁合金电炉生产线，年产6万吨锰硅合金。

二、响应公众，积极参与

2013年5月3日，两江环保中心在项目所在地工业园区管委会网站发现了该项目环评公示后，第一时间通过新浪微博对该项目进行了传播。

2013年5月6日，两江环保中心接到公众反馈，称其居住在项目地附近，在微博上看到该信息，关心该项目建设情况。两江环保中心决定主动参与环评监督审核。在联系环评单位无果后，联系建设单位咨询也未获得有效信息，决定前往项目地实地调查。

2013年5月8日，两江环保中心抵达项目地，实地调查发现诸多问题。主要表现在：（1）实际建设单位和公示的建设单位不符；（2）铁合金生产线已开始生产；（3）公众参与不充分，大部分以企业工人为调查对象。

下面为两江环保中心就该项目完成的独立第三方审核报告，该报告于2013年5月9日通过互联网先后递交到重庆市环保局环评处、重庆市政府公开信箱。

2013年5月8日，重庆两江志愿服务发展中心（以下简称“两江环保中心”）根据《重庆武陵光伏材料有限公司年产6万吨铁合金生产线技改项目环境影响评价公众参与第2次公示》开展独立第三方审核。审核结果如下：

一、重庆武陵光伏材料有限公司（以下简称“光伏公司”）目前已全面停产，光伏公司厂房主要被重庆贵龙冶金有限责任公司（以下简称“贵龙公司”）用来生产锰硅合金。

二、原光伏公司先后建设了一、二期厂房，三期未建。现贵龙公司在原二期厂房已开始进行锰硅合金生产一个月有余，一期厂房目前未动。与该项目环评第二次公示项目概况描述不符。该项目环评第二次公示项目概况描述为“拟将二期厂房4号、5号、6号生产高纯硅的矿热炉及其辅助设备进行技术改造，建成3×12600kVA铁合金电炉生产线，年产6万吨锰硅合金”。

三、环境现状：两江环保中心调查显示，目前该厂区的主要问题在于粉尘和噪声，且多为早晚和夜间偷排。周边公众曾多次就环境问题向公司讨要说法，均没取得有效进展。周边公众普遍对环境现状不满，认为企业环境表现较差。

四、公众参与现状：两江环保中心调查项目地（五育村1组）公众共20余名，为离厂区最近公众，他们普遍表示不知道项目概况描述的情况，即将对二期厂房改造，包括在厂区里面上班的大部分公众都不知晓。仅1人（该人为厂区工人）表示曾填写过调查表，大概在前一个月填写，调查表为光伏公司工作人员发放，填写调查表的约20人，且全部为厂区工人。两江环保中心在厂区大门及周边也未发现张贴有任何有关项目的通知、告示，村及相关方也未组织召开任何会议。

五、在此之前，即2013年5月6日，两江环保中心根据《重庆武陵光伏材料有限公司年产6万吨铁合金生产线技改项目环境影响评价公众参与第2次公示》联系方式，先后两次通过电话向该项目环评单位（重庆市环境科学研究院）咨询项目情况，均无人接听，直到现在也不见回复。接着，两江环保中心通过电话向该项目建设单位（重庆武陵光伏材料有限公司）索要环评简本，被告知简本还没出来，具体要问环评单位；两江环保中心请求建设单位提供环评单位另外的

准确的联系方式，随即被挂断电话。项目建设单位（重庆武陵光伏材料有限公司）和项目环评单位（重庆市环境科学研究院）除通信地址和上述电话外，再无电子邮箱、传真相关信息。

六、2013年5月9日，两江环保中心再次通过电话向该项目环评单位（重庆市环境科学研究院）咨询项目情况，得到一些信息，主要包括：1.项目大概在去年接受委托，当时并没生产，如今生产没有需要进一步核查。2.建设单位为光伏公司，是否存在建设单位主体变更与环评关系不大。3.简本因涉及公众参与，目前还没出来，两江环保中心要求提供现有的内容，表示也没来得及整理。4.公众参与主要调查了川主村、五育村、苦竹坝、管委会等相关人员共计约五六十人。5.两江环保中心表示若项目为后环评，则环评应有很大的改动，公示也应明确说明。公众参与不充分应加强公众参与。应核实具体的建设单位。

综合以上分析：该项目存在未批先建、未批先产或环评造假的嫌疑。即，若现生产线已完成环保相关手续，则该项目涉嫌环评造假：环评在项目概况就描述错误，从而误导公众，环境现状描述错误，环评公众参与不规范、不充分；若该生产线未完成环保相关手续，该生产线则违法，即未批先建、未批先产。

相关请求及建议：两江环保中心建议重庆市环保局对重庆市环境科学研究院承担的“重庆武陵光伏材料有限公司年产6万吨铁合金生产线技改项目环境影响评价”进行详细调查，对光伏公司、贵龙公司的生产现状进行详细排查。若存在环评造假问题，请重庆市环保局按照《环境影响评价法》《环境影响评价公众参与办法》《建设环境影响评价资质管理办法》等法律法规进行处理，并进行行业通报。若存在未批先建、未批先产问题，请按照建设项目管理制度等相关法律法规立案调查处理，并及时公开、通报相关结果。

附:《重庆武陵光伏材料有限公司年产 6 万吨铁合金生产线技改项目环境影响评价公众参与第 2 次公示》项目概况：武陵光伏公司规划建设6万 t/a 高纯硅材料，在建设过程中该项目采取分期建设，分阶段验收的模式进行。一期工程主要建设内容为 3×12600kVA矿热炉冶炼高纯硅生产线及全厂的公辅设施，二期工程建设内容为 3×12600kVA矿热炉冶炼高纯硅生产线，三期建设内容为4×12600kVA矿热炉

冶炼高纯硅生产线。目前，一期工程和二期工程均建成投产，其中一期工程于2011年9月通过了重庆市环保局的验收，二期工程处于试生产阶段，三期工程目前暂未实施。由于目前工业硅市场不景气，为盘活资产，降低损失，光伏公司决定将部分矿热炉实施技改转产，拟将二期厂房4号、5号、6号生产高纯硅的矿热炉及其辅助设备进行技术改造，建成3×12600kVA铁合金电炉生产线，年产6万吨锰硅合金。

2013年5月9日，两江环保中心将调查情况再次同环评单位交流，形成上述审核报告，并将该审核报告递交给重庆市环保局、市政府公开信箱，投诉该项目涉嫌环评造假、未批先产等问题，环保部门随即主导展开调查。

三、政府行动，作出处罚

两江环保中心的投诉得到了政府及相关职能部门的积极响应，重庆市市政府立即要求市环保局安排人员认真调查，当地政府积极配合、及时采取措施。

2013年5月 15日，项目所在地基层环保部门——酉阳县环保局表示该锰硅合金生产线已经被查处，要求完善手续后再生产，欢迎监督。

2013年5月17日，重庆市环保局协调环评处、环评单位、宣教中心、执法大队工作人员向两江环保中心介绍了该问题的详细处理情况：（1）重庆市政府、市环保局、酉阳县环保局高度重视该问题。（2）市环保局执法大队和酉阳县环保局执法支队联合紧急执法，要求立即停产并作出行政处罚。（3）市环保局环评处积极调查该项目资料并和环评处及时沟通。（4）要求园区管委会做好群众工作，宣传部门做好舆论引导，县环保全县排查未批先建、未批先产的情况，县政府督促整改该问题。

2013年5月20日，当地志愿者不断反馈，该锰硅合金生产线已经被市环保局查处，现处于停产状态。

2013年，两江环保中心通过重庆市环保局查询到，两江环保中心投诉的信息得到有效回应：公示的建设单位因未办理环保手续，擅自技改并投入使用，被罚款10万元；实际生产铁合金的企业因未取得排污许可证违法生产排污被罚款20万元。

2014年1月，两江环保中心回访，生产铁合金企业已搬迁。

四、得失与启示

该案例是两江环保中心通过环评独立第三方监督审核推动企业整改的案例，在审核中发现了项目存在未批先建先产的情况。通过公众参与实现了环评程序上更正义、质量上更优秀、公众参与更有效，特别是对建设单位产生了重大影响。

在经济迅猛发展的大背景下，建设项目非常多，其中不少项目是未取得环评手续，或是补办环评手续的。环评的初衷往往被经济发展架空，环评制度如何得到有效的落实是环境保护的关键，这不仅需要环保部门的监管，更需要社会和公众的参与监督。

在2013年5月17日的交流会上，环评单位称：（1）根据目前的相关规定，公众参与是建设单位的职责，环评单位只是协助建设单位做公众参与。（2）公众参与调查是在公示期结束后进行，目前公示期还没结束，且项目还未审批，不存在环评造假的问题。（3）环评单位将对该项目再次开展公众参与调查。

这反映了环评制度上的一些缺陷，公众难以真正参与、获得反馈信息和监督，环评机构的权责不对等。在环评制度里地位非常重要的环评单位在本案例中没有接受实质上的处罚，不能不说是一种遗憾，但我们也不能操之过急，它需要找到一个合适的支点去撬动，这也给了两江环保中心环评监督审核新的启发——对环评单位的监督、促进环评行业有序发展成了两江环保中心新的目标。

环评第三方审核：重庆安美科技有限公司生产线技术改造项目

丁文章*

重庆两江志愿服务发展中心（以下简称“两江环保中心”）最开始是关注污染现场的，在解决环保问题的时候发现环评是很好的参与点，但是案例“重庆武陵光伏材料有限公司年产6万吨铁合金生产线技改项目”的环评第三方审核并没有回答环评与削减污染的关系。重庆安美科技有限公司生产线技术改造项目环评或许可以回答这一问题。

重庆安美科技有限公司是中国四联仪器仪表集团有限公司的投资公司，该公司主体的前身是重庆川仪五厂，1970年由上海内迁至渝，2003 年更名为重庆安美科技有限公司。主要经营标铭牌及金属电镀的生产加工，是重庆标铭牌生产规模最大的厂家，为中国标牌行业协会成员单位，已有30多年的历史，生产主要

* 重庆两江志愿服务发展中心。

涉及镀镍、铜、铬等金属。

该公司位于缙云山国家级自然保护区边缘，长江一级支流嘉陵江边，距嘉陵江直线距离20米，在重庆市主城区北碚区上游，距饮用水源取水口仅3千米。2013年资料显示，该公司无环境应急队伍、无环境风险评估、无环境风险预案，是北碚区的环境“毒瘤”。

重庆安美科技有限公司生产线技术改造项目，源于重庆安美科技有限公司的战略转型。其转型的动力不仅来自于政府，也有公众和民间的推动。

2012 年 11月初，两江环保中心接公众举报，称重庆安美科技有限公司排放废水至嘉陵江，激起江面大片泡沫，并将拍摄的照片反馈给了两江环保中心。

2012年11月16日、20日，两江环保中心先后两次对其开展调查，确定了其排污口，发现在江边的悬崖上，废水仍在排放，废水流经的江边消落带呈蓝绿色，入江口有蓝绿色絮状沉淀物，江面漂浮大量白色气泡。两江环保中心随即对其排放的废水取样送检，共检测镍、铜、总铬三项指标，检测结果分别为13.14mg/L、10.02mg/L、0.06mg/L，对比《电镀污染物排放标准（GB21900—2008）》，排放浓度限值（总

镍：0.5mg/L，总铜：0.5mg/L，总铬：1.0mg/L），所取水样中镍和铜超过排放标准。

2012年12月，在重庆市环保局局长接待日，两江环保中心向重庆市环保局投诉了该问题。后重庆市环保局反馈为：

11 月16 日北碚区环境监测站对其废水进行的监督性监测数据，该公司总铬、铜超标，北碚区环保局对该公司超标排污行为进行了处罚。现场检查时该公司正在生产，电镀废水通过污水处理站处理后外排。已安装废水在线监测系统并已比对监测，12 月6 日市环保局对其进行了验收。现场检查未发现偷排行为。

北碚区环保局的处罚并不代表污染问题得到了解决，两江环保中心希望该公司能够采取切实有效的措施削减污染。由于该问题涉及重金属排放和饮用水安全，两江环保中心将该案例列入日常污染监督案例，先后于2013年3月、5月、7月多次调查，发现该公司排污行为没有任何改善，并针对调查发现的情况不断投诉。后经重庆市环保局督查确定：

1.该公司废水在线监测系统未验收，北碚区环保局未对其更换有效的排污许可证。2013年6月24日，北碚区环保局召集四联集团和重庆安美科技有限公司召开了重庆安美科技有限公司污染整治问题研究会议。会上，北碚区环保局要求重庆安美科技有限公司立即停止手工电镀线生产，同时，凡不符合《环境影响评价法》和《建设项目环境保护管理条例》规定的现有生产线立即停止生产，按程序补办环保手续，合法后才能生产。同时，北碚区环保局将每周不定时对该公司进行巡查和蹲点，并做好现场监察记录单，在未完善环保手续的情况下，严禁其无证排污。2013年6月25日、27日北碚区环保局对重庆安美科技有限公司现场检查发现其印制板车间及标铭牌车间违法进行生产，已按照法律法规对其环境违法行为进行了立案查处。

2.目前该公司印制板车间及标铭牌车间已全部停产，正在对印制板车间及标铭牌车间补办环评手续。电镀车间（化学镍生产线两条，半自动镀锌生产线一条，人工镀锌生产线一条，镀铜、镍、铬生产线两条，镀锡生产线一条，镀金、银生产线各一条）生产设备已基本拆除，现场检查时未发现有生产和废水外排情况。

2013年10月15日，机械工业第三设计研究院工作人员致电两江环保中心，称该单位承担了重庆安美科技有限公司生产线技术改造项目环境影响评价任务[①]，目前环评文件正在评估中心审批，评估中心称该公司曾被两江环保中心投诉过，让评价单位征求两江环保中心的意见和建议，并称该公司的电镀生产线已经全部拆除，电镀生产线将搬迁至重庆大足邮亭电镀工业园。

两江环保中心据此向评价单位索要环评简本。评价单位通过电子邮件提供了简本，[②]两江环保中心认为简本不能充分反映该项目的具体情况，遂再次向评价单位索要环评报告书全本。索要全本的结果是无论是真本，还是复印件、扫描件、拍照均被评价单位拒绝，称只能向两江环保中心提供查阅服务，并对有疑惑的问题可以当面解释。随后，两江环保中心根据简本从环境现状、评价范围、环境敏感点、物流、污染物种类，与缙云山关系、公众参与等角度提出了共 17 个疑问通过电子邮件反馈给评价单位，要求评价单位详细

①http://www.gzcy.org/?m=home&c=index&a=info&id=8942.

②http://www.gzcy.org/uploadfile/2013/1015/20131015123257724.pdf.

解答。

时隔1天，评价单位对两江环保中心的17个疑问一一回答，但都不够详细具体，甚至是反问两江环保中心，与两江环保中心的期望差距甚大。随即，两江环保中心向评估中心取得联系，请求提供全本。评估中心反馈称，新的报告还没报上来，报上来之后将按规定处理。

下面是两江环保中心的问题及环评单位的答复：

1. 建设项目所在地环境质量现状中“项目所在区域环境空气质量常规监测因子和特征因子均能达到标准要求”检测的常规因子和特征因子分别包含哪些？监测数值是多少？地表水环境“嘉陵江北温泉断面各项指标均能满足标准要求”各项指的是所有指标？能满足那个标准？

大气：

2013年8月13～19日，重庆市北碚区监测站对重庆安美科技有限公司所在区域进行了环境空气质量现状监测。监测项目：SO_2、NO_2、PM10、苯、甲苯、二甲苯、非甲烷总烃。SO_2日均浓度为

0.0140 ~ 0.0370mg/m^3，无超标现象发生，最大占标率为24.6%；NO_2日均浓度为0.0170 ~ 0.0340mg/m^3，无超标现象发生，最大浓度占标率为42.5%；PM10日均浓度为0.0749 ~ 0.103mg/m^3，无超标现象发生，最大浓度占标率为68.7%；苯小时浓度为6.37×10^{-2} ~ 8.20×10^{-2} mg/m^3，无超标现象发生，最大浓度占标率为3.42%；甲苯小时浓度为1.13×10^{-2} ~ 0.284mg/m^3，无超标现象发生，最大浓度占标率为47.3%；二甲苯小时浓度为0.117 ~ 1.16mg/m^3，超标。

本次环评监测时（2013年8月13日），监测点金果园住宅区正在进行天然气管道检修和刷漆，导致二甲苯超标。随着工程完工和二甲苯的挥发，2013年8月15日8点数据恢复到标准值以下。

监测断面：嘉陵江北温泉断面。监测项目：pH、DO、COD、BOD5、NH_3-N、石油类、总磷。嘉陵江北温泉断面pH均值为7.59、DO均值为6.92mg/L、COD均值为12.2mg/L、BOD5均值为0.76mg/L、NH_3-N均值为0.99mg/L、TP均值为0.148mg/L、石油类均值为0.01mg/L，无超标现象发生。虽然S_{ij}值均小于1，但氨氮已接近标准值，主要是沿岸企业和居民生活污水直接排入嘉陵江造成的。

2.评价范围的确定方式和方法

根据各技术导则确定评价范围。环境空气：根据大气环境三级评价等级，评价范围为以印制电路板厂房的印刷后烘干排气筒为中心，半径为2.5千米的圆。大气评价范围见附图10。

地表水：重庆安美科技有限公司排入嘉陵江排放口下游5千米范围。

声环境：厂界及厂界外200m范围。

环境风险：根据《建设项目环境风险评价技术导则》（HJ/T169—2004），本评价确定大气风险评价范围是以危化库房为中心3千米范围。

3. 排放的废定影液和定影清洗废水的预测分析过程和方法?

项目所有定影液为1% ~ 2%的碳酸钠溶液。与其他生产废水进入厂区废水处理站处理后达废水综合排放标准一级标准排放。

4. 产生的生活垃圾量为10.5t/a运送至那个垃圾填埋场？垃圾填埋场是否有足够的库容?

项目产生的生活垃圾由环卫部门负责处理。

5. 距离项目200米内的住宅和居民采取怎样的保护措施?

项目周边居民不在卫生防护距离内。对居民的保护主要为污染物的治理和达标排放。

6. 厂区内现有污水处理设施情况怎样?出水水质是否能达到一级标准?报告书(简本)中描述排出的废水对地表水影响是正效益的?现有污水处理厂是不是要改?

当然是呈正效益了!所有的涉重工艺均取消了,废水排放量明显减少,不涉及重金属排放,污染物排放大量减少。对厂区现有废水处理站进行改造,具体改造内容包括:

(1)对原电镀废水处理系统及配套收集管网进行拆除。

(2)对原综合废水处理系统的处理工艺进行改造,各类污废水先分质分类进行收集和预处理,然后再混合后进行后续生化处理。在原有接触氧化池前,增设水解酸化池,以增加废水的可生化性,保证废水的连续处理效果。

(3)增设各类倒槽废液的收集池,各槽体定期产生的倒槽废液分别进入相应的收集池，少量多次地进入废水处理站综合废水处理系统进行处理。

废水处理站经改造后设计处理能力不变，为35m^3/h。

7. 营运期大气污染预测过程和方法，对周围居民的影响程度如何？

预测过程和方法请看大气评价导则。我们是按照导则的要求来预测和分析的。预测结果表明，正常工况下项目所排放的颗粒物、甲苯、二甲苯和总VOCs对下风向地面浓度影响很小，各污染因子对评价区域大气环境质量不会产生明显影响，均低于评价标准，满足环境功能区要求。拟建项目排放的各污染因子对各环境敏感点影响较小，满足环境功能区要求。预测结果表明，非正常工况下项目所排放污染物对评价区域大气环境质量有一定增加，虽然不会对区域大气环境质量产生污染影响，并能满足环境功能区要求，但应杜绝非正常工况的发生。

8. 营运期声环境预测过程和方法，对周围居民的影响程度如何？

预测过程请看声环境评价导则。预测结果可知，

拟建项目投入运行采取噪声防治措施后，能够满足《工业企业厂界环境噪声排放标准》（GB12348—2008）中2类标准评价。拟建项目不会造成噪声扰民现象的发生。

9. 该项目与缙云山风景名胜区的区位关系分析?

根据《国家重点风景名胜区规划》《关于缙云山风景名胜区核心景区划定的批复》（渝园林发）[2007]181号）、拟建项目所在区域不属于缙云山风景名胜区核心景区范围。

10. 装订成册的公众参与调查表（报告书附件），评价范围内的公众参与项目的情况。

请到我单位翻看装订成册的公众参与调查表。被调查的公众涵盖了不同年龄段、性别，具有一定的代表性；被调查者的文化程度一般，具有一定的分析、判断能力。绝大多数公众对区域现有环境质量感到满意，在了解了本项目之后，基本上都保持支持同意的态度，认为项目技改完成后注意废水、噪声、废气对周边居民的影响。

11. 简本中公布了印制电路板的生产工艺流程，但没有提及生产过程中的物流流程，需要增加物流流程。

物流委外，不属于评价范围。

12. 印刷行业标准参考广东省的地标执行的依据是？重庆采取这种标准执行得了么？

那请问参照什么标准执行更好。

13. 对厂区现有危险废物堆场进行改造：地面进行防渗、防漏处理，没有提及在做防渗、防漏的施工中，原来污染的土壤如何处置。

等将来公司搬迁的时候，会根据环保局相关要求做土壤风险评估和修复。

14. 卫生防护距离是多少？卫生防护距离是怎样确定的？里面有没有敏感点？卫生防护距离内的公众怎样安排？

卫生防护距离内无居民。卫生防护距离的确定方法请翻看导则。根据拟建项目污染面源在厂区的分布，及其各污染面源与东、南、西、北厂界的距离，划定出标铭牌厂房的卫生防护距离为北面厂界外20米，西面厂界外35米；印制电路板厂房东面厂界外22米，北面厂界外10米，西面厂界外10米。

15. 按照项目测算，重金属污染物会减少，但其他污染物呢？比如PM10、二甲苯这些？

由于产量有所增加，PM10、二甲苯排放量有所增加。

16. 简本的总量指标是如何得出的？具体都有哪些？

根据工程分析计算得出。总量控制建议指标：COD 1.38t/a、NH_3−N 0.16/a。

17.“三同时”管理制度如何实施？

按照相关要求进行实施。

2013年10月，两江环保中心回访，排污口基本未见废水排放，厂区电镀车间未生产，环保部门最新反馈基本可信。

重庆安美科技有限公司生产线技改项目受两江环保中心直接参与污染调查与督促治理的直接影响，并实现了环评审批民间环保组织前置审核。企业原来的重污染、高风险项目迁出环境敏感区，入驻专门的电镀工业园，一方面降低了环境影响，另一方面也方便了环境监管，也使两江环保中心进一步认识了评估中心这个环评制度中不可忽视的群体。从该案例也可以看出，公众及环保组织的参与是可以影响企业级政府决策的，持续的行动可以削减污染，也能影响环评公众参与，但公众参与环评亟须制度上的突破。

这首先体现在要从环评单位和评估中心获得环评全本非常困难，2013年没有环评全本主动公开的任何制度设计。即使环保部要求2014年1月1日起开始环评全本公开，但公开的责任主体主要是环保部门和建设单位，对环评单位和评估中心公开的要求非常有限，而环评单位和评估中心是环评制度中非常重要的利益相关方。

为了方便研究分析，有针对性地提出观点，保护弱势的公众，两江环保中心在竭尽全力的获取全本，但得到的答复均不令人满意。由于简本的信息非常有限，提不出建议，只能提问题，提出的问题结果被环评单位给踢回来了，缺乏多方对等的信息和交流的机会使项目环评第三方审核没办法充分进行下去。

环评审查专家库信息公开行政诉讼案

宋亚光

环评审查专家库是环评制度中的重要一环，关乎环评文件的最终质量，关乎环评报告书审批决策。需要环评机构编写的环评文件都必须经过评估中心的专家评审，评审专家则来源于环保部门设立的环境影响评价审查专家库。专家库的公开透明情况及社会对于专家评审的监督将影响专家对环境影响评价技术评审的公平公正。《环境影响评价审查专家库管理办法》对专家库的管理提出了专门要求。

2003年6月17日，国家环境保护总局（即环境保护部前身）第11次局务会议审议通过了《环境影响评价审查专家库管理办法》，该办法自2003年9月1日起实施。该办法第7条规定：设立部门应当公布专家库入选需求信息与条件；对申请人或者被推荐人进行遴选，根据需要征求有关行业主管部门及其他有关部门或者专家的意见；对符合条件的申请人或者被推荐人，决定入选专家库，并予以公布。由此可见，环评审查专家遴选结果确定后，应由环保部门主动公布。

关于《环境影响评价审查专家库管理办法》的报道不多，各地环保部门执行该办法的情况也各不相同，公众很少知道该办法的存在及作用。根据重庆两江志愿服务发展中心（以下简称“两江环保中心”调查检索，按照《环境影响评价审查专家库管理办法》要求，主动公开环境影响评价审查专家库名单的环保部门还较少。

为了推动环保部门按照《环境影响评价审查专家库管理办法》主动公开环境影响评价审查专家库信息，接受公众对于环境影响评价技术评审专家的监督。2013 年 6 月 27 日，两江环保中心依据《环境信息公开办法（试行）》相关规定，向环保部及 31 个省区市，共 32 个环保部门申请公开环境影响评价审查专家库名单，包含环境影响评价审查专家的姓名、职称、专业、所属单位等内容。

经过近 6 个月的艰难推动，运用了行政复议、行政诉讼等强制手法，笼罩在环境影响评价审查专家上的迷雾逐渐散开。32个环保部门均答复了两江环保中心的申请，29个环保部门公开了专家库，3个环保部门因特别情况暂时未公开。申请结果详见《掀起你的盖头来、让我看清你的脸——环境影响评价专家库信息公开申请专项报告》。

从此次信息公开申请也可发现，部分环保部门的工作人员对信息公开的相关法律法规还不够熟悉，甚至设置人为门槛，阻碍信息公开申请，如广东省环保厅网上申请需要填写本地身份证号码，这些都是造成信息公开不足的原因。针对这些问题需要有更广泛的监督渠道和救济方式，行政复议和行政诉讼是非常重要的方法。两江环保中心对广东省环保厅不公开环评审查专家库开展了行政诉讼。

两江环保中心于 2013 年 6 月 27 日通过挂号信向广东省环保厅申请公开环境影响评价专家库名单，经多次投递，广东省环保厅拒不签收，而后的网上申请也因两江环保中心法定代表人无广东身份证号码而失败。2013年7 月 9 日，两江环保中心通过挂号信再次申请，广东省环保厅于 7 月 23 日通过电子邮件回复两江环保中心："经核查，我厅没有环境影响评价专家库相关信息。建议您向广东省环境技术中心咨询。"根据广东省环保厅的回复，两江环保中心于2013年8 月

29 日向广东省环境技术中心申请公开广东省环境影响评价审查专家库名单，包含环境影响评价专家的姓名、职称、专业、所属单位等内容。2013 年9 月 12 日，广东省环境技术中心告知两江环保中心，称专家库属于内部文件不同意公开。经行政诉讼，2013 年12 月 13 日，广东省环保厅重新答复了两江环保中心的申请，公开了专家库名单。

下面为关于环评审查专家库信息公开行政诉讼案的详细情况。

一、案情简介

两江环保中心于2013年6月27日，以挂号信的形式向广东省环境保护厅递交《环境信息公开申请表》，申请公开该厅环境影响评价专家库的名单、职称、专业、所属单位的内容。

经查询，广州市邮政局天河北投递站在2013年7月初向广东省环保厅多次投递该信件，广东省环保厅均拒绝签收该信件，广州市邮政局天河北投递站只好将该信件退回至两江环保中心。

两江环保中心遂于2013年7月9日再次通过挂号信递交《环境信息公开申请表》至广东省环保厅。广东省环境保护厅于2013年7月13日签收了该信件，并于2013年7月17日作出了《关于政府信息公开申请的答复》(粤环依公［2013］27号)。此答复明确回复："经核查，我厅没有环境影响评价专家库相关信息。建议您向广东省环境技术中心咨询。"

根据此答复，两江环保中心于2013年8月29日通过挂号信向广东省环境技术中心递交《环境信息公开申请表》。广东省环境技术中心于2013年9月2日签收，并于2013年9月11日作出关于《环境信息公开申请表》的复函(粤环技字［2013］51号)，此复函回复：我单位建立的环境影响评价专家库，仅作为环境影响评价文件技术评估工作的内部人才资料，不属于环境信息公开的范畴。并回复称："环境影响评价专家库内专家的姓名、职称、专业、所属单位等均属个人隐私内容，因此我单位有责任和义务对专家库内的个人信息做好保密工作。"且明确表明："我单位不同意贵单位的《环境信息公开申请表》中提出的申请事项。"

两江环保中心认为：根据《环境影响评价审查专家库管理办法》第3条的规定，广东省环境影响评价专家库应由广东省环保厅设立和管理。第7条、第11

条规定，广东省环保厅应当及时主动公开该专家库。广东省环境技术中心作为广东省环保厅下的直属事业单位应当依法履行环境信息公开相关职责，积极协助广东省环保厅做好相关信息公开工作。

两江环保中心还认为：环境影响评价审查专家库关乎环境影响评价报告书审批决策，关乎重大环境问题的信息披露，根据近年来国务院、环保部相关要求，专家库理应依法予以公开。广东省环境保护厅明显违反了《政府信息公开条例》《环境信息公开办法》等有关规定，严重侵犯了两江环保中心以及社会公众的环境知情权，也违背了《环境影响评价审查专家库管理办法》等相关规定。

两江环保中心依据《最高人民法院关于审理政府信息公开行政案件若干问题的规定》第1条第1款第（1）项的规定，先后向广州市的基层人民法院、广州市中级人民法院提起诉讼。2013年9月17日，两江环保中心向广州市中级人民法院递交诉讼材料，请求依法判令被告广东省环保厅、广东省环境技术中心：

（1）按照《环境影响评价审查专家库管理办法》依法公开环境影响评价专家信息。

（2）由二被告承担本案诉讼费及因本案诉讼和执行而发生的合理费用，包括差旅费（以实际发生额为准）。

二、受理情况

2013年10月10日，广州市中级人民法院以（2013）穗中法行初字第231号受理案件通知书决定立案审理。并定于2013年12月10日上午8点40分在广州市中级人民法院第44法庭开庭审理。

2013年11月19日，广东省环保厅在网上公开了环境影响评价审查专家库的名单、职称、专业、所属单位的内容。

2013年11月20日，广东省环境保护厅向法院提交了行政答辩状。该答辩状于2013年11月27日送达到两江环保中心。

2013年11月21日，广东省环境技术中心向法院提交了行政答辩状。该答辩状于2013年11月28日送达到两江环保中心。

三、审理情况

（一）被告广东省环境保护厅答辩的主要内容

（1）申请公开的信息不属于政府信息公开的范围。

其理由是：环境影响评价审查专家是指接受委托为建设项目环境影响评价提供技术服务并有相应资质的评价机构内从事环境影响评价工作、编制环境影响评价文件，或者提供环境影响评价技术咨询服务的专业技术人员。

广东省环境保护厅是对建设单位报批的建设项目环境影响评价文件进行审批的行政机关，而非为建设单位提供环境影响评价技术服务的机构。因此，广东省环保厅不可能设立环境影响评价审查专家库。

（2）广东省环境保护厅对环境信息公开申请作出的答复事实清楚，证据确凿，程序合法，适用依据正确，内容适当。不存在未履行政府信息公开职责的行为。其理由是：广东省环境保护厅及时答复和告知了：该申请的信息不属于本行政机关存在的。

（3）原告两江环保中心的诉讼请求理由不成立。其理由是：环境影响评价专家和环境影响评价审查专家是两个概念。原告两江环保中心申请的环境影响评价专家库的公开理由不成立。

（4）广东省环境保护厅已向社会公开了环境影响评价审查专家库的专家。

（二）被告广东省环境技术中心答辩的主要内容

（1）原告两江环保中心的诉讼的法律依据不适用于被告广东省环境技术中心。其理由是：广东省环境技术中心为广东省环保厅直属事业单位，不是组建环境影响评价审查专家库的行政主管部门。

（2）原告两江环保中心申请的内容不属于环境信息公开的范围。其理由是：广东省环境技术中心的环境影响评价专家库是吸收各行业专家而建立起来的一个技术评估工作提供技术支撑的内部人才库，属于广东省环境技术中心技术评估工作的内部使用资料，不属于公开的范畴。

（3）被告广东省环境技术中心作出的答复有充分的法律依据。其理由是：被告广东省环境技术中心设立的环境影响评价专家库的专家的姓名、职称、专业、所属单位属个人隐私内容，不属于公开的信息。

（三）针对二被告的答辩，我方进行如下辩诉

（1）早在2003年，国家环保总局（现为环保部）就制定了《环境影响评价审查专家库的管理办法》及各项措施，同年9月1日施行的《环境影响评价审查专家库管理办法》第3条也作了明确的规定，即地方专家库由设区的市级以上地方人民政府环保行政主管部门设立和管理。因此，广东省环保厅作为广东省的环保的行政主管机关，对广东省的环境影响评价审查专家库的设立和管理有着不可推卸的法定职责。从被告广东省环保厅的答复中就可以看出也可以肯定，被告广东省环保厅根本就没有对处在环评工作的最重要的审核关口上的专家们进行有效的管理和监督，没有严格地按照法定的权限和职责正确地依法履行职责、行使权力，属典型的行政不作为。同时，这也不能不让人深思？广东作为改革的最前沿和工业省，每年会有大量的规划、建设项目实施，那么在环评的专家审核工作上他们是如何开展工作的？在对专家的遴选、公示、考察、管理以及在审核工作又是如何进行的？

（2）被告在收到原告的申请时，就应该而且足以认定原告申请的是“环境影响评价审查专家库”而不是什么“环境影响评价机构”的专家。这是因为：

被告广东省环保厅在收到申请后就直接答复原告，让原告向被告广东省环境技术中心申请，而事实上被告广东省环境技术中心管理的就是“环境影响评价审查专家库”，再没有其他的什么“专家库”。也就是说，

被告广东省环保厅是充分地认识到原告申请的就是“环境影响评价审查专家库”。假如是真的对原告所提交的申请内容不能辨别清楚的情况下，也是应该依据《政府信息公开条例》第21条:“对申请公开的政府信息，行政机关根据下列情况分别作出答复：……（四）申请内容不明确的，应当告知申请人作出更改、补充”。

（3）原告向被告广东省环保厅提交申请，是依据《环境影响评价审查专家库管理办法》第3条“地方库由设区的市级以上地方人民政府环境保护行政主管部门设立和管理”的规定，并没有向其他部门和单位申请，这就意味着原告申请的是环境影响评价审查专家库，而被告广东省环保厅在此种情况下是根本不可能认为是申请的其他专家的。况且被告广东省环保厅也没有其他专家库的。

（4）取得《中华人民共和国环境影响评价工程师职业资格证书》(以下简称《职业资格证书》)的人员应登记在本人全日制工作的环境影响评价、评估或环境保护竣工验收监测、调查（以下简称“环境影响评价及相关业务资质”）机构……”的规定，这个公告明确地表明环境影响评价工程师应登记在环境影响评价资质的机构。被告作为监管单位不会不知道这个规定的，可见他们是明知故做。

（5）被告自称是在原告起诉之后的2013年11月18日公开了此项信息。但是，原告至今也没收到被告公开的任何信息。依据《政府信息公开条例》第26条规定："行政机关依申请公开政府信息，应当按照申请人要求的形式予以提供；无法按照申请人要求的形式提供的，可以通过安排申请人查阅相关资料、提供复制件或者其他适当形式提供。"被告的公开并不符合法律法规的规定，也就是说被告至今都没有向原告进行信息公开。

下面是针对被告广东省环境技术中心的辩称的理由发表辩论意见：经查实，被告广东省环境技术中心显示的他们的主要任务是：承担省级审批的重大开发和建设项目、区域开发环境影响评价报告书技术审核等。因此，他们就不仅"只是环境影响评价文件技术评估工作的内部使用人才资料"，也是参与重大开发和建设项目的环境影响评价报告书的技术审核工作机构，是经广东省环保厅授权管理环境影响评价审查专家库的下属具有独立法人的单位。

对于申请的是专家的个人隐私，不属信息公开的

范围的理由。此项信息公开已由被告广东省环保厅在2013年11月18日公开在政府的网站上。难道被告广东省环保厅是在公布隐私吗？个人隐私实际上是指公民个人生活中不愿为他人公开或知悉的秘密。而原告申请的只是专家库内的专家的姓名、职称、专业、所属单位的信息，这些都是公共的资料，也是他参与工作的外部特征。也就是说他是因这些外部特征而被人们所接受而参与到社会性的工作中的并承担着社会责任。而“隐私”是指与社会利益、公共利益无关的个人私事。两者是具有本质的区别的。这些专家们由于享有更多的其他权利和承担着更多的社会责任，就更需要公众对其知情，了解和监督。这就使得他的一些个人信息要向公众公示。从而形成部分个人信息逐步地向政府信息转化的过程。

四、审理结果

（1）在庭审过程中，经法院主持调解，二被告当庭表示按原告两江环保中心申请的内容及方式进行信息公开，并承担50元的诉讼费。

（2）原告两江环保中心在收到二被告公开的信息后提出撤诉申请。

环评资质挂靠与假环评公司

宋云鹏

通过环评独立第三方审核的实践，重庆两江志愿服务发展中心（以下简称“两江环保中心”）发现单个的案例在解决环评制度问题上还远远不够，特别是对环评单位的监督非常无力。基于此，两江环保中心于2013年初开始组建环评公众参与网（www.gzcy.org），并在2013年7月底成功上线。该网络旨在集合环评各类数据，借鉴大数据、云计算理念，开展环评行业研究，发现环评问题，通过公众参与的方式促进环评行业健康有序发展。

在集合环评数据的过程中，两江环保中心发现环评资质是一个绕不开的问题。这里的资质主要是指两个资质，一是环评机构的资质，二是环评工程师的资质。环评文件的编制主体是环评机构，编制环评文件的环评工程师等专职技术人员需要对环评质量负责。为了保证环评文件质量，环保部对这两个资质都实行行政许可管理，而环评工程师的数量和质量是环评机构取得资质的前提。

这样的行政许可造成了环评市场的供需不平衡，企业和个人的逐利本性形成了大量的环评挂靠现象。现实中有大量的假环评机构利用真环评机构的资质在开展环评业务，真环评机构从中抽取管理费用。一些有资质的环评机构为了降低成本往往会选择一些环评工程师挂靠在机构以便于机构取得资质，但这些挂靠的人员都是不编写环评文件的。这两种挂靠行为首先就是违法违规的，在程序正义上存在缺陷，严重破坏法治环境。其次无论是在技术上，还是在公众参与方向上都会影响环评文件的质量，环评的效果难以得到保证。

因此，两江环保中心一方面在努力集合环评数据，另一方面也在开展一些基础研究，积极向环保部门、工商部门等反映这方面的情况，推动环评行业有序健康发展，争取让环评能真正独立客观，体现出环保第一道闸门的效果。

目前，环评公众参与网已经录入24 000个环评项目信息、1158家环评公司信息、3000多家环保部门信息、近500家环评公司违法信息、环保部和各省（直辖市、自治区）环保厅（局）环评审查专家库信息等。

并通过数据分析研究，先后发布了9期环评机构违法报告、1期针对百度公司发布违法开展环评业务公司百度推广的公开信、1期环评工程师违法违规报告，涉及假环评公司23家、环评机构25家以上，环评工程师上百人。

这些推动得到了相关部门的积极反馈。环保部直接对违规环评机构作出了停业整顿的处理，对环评工程师作出了撤销证书和通报批评的处理，并将处置结果对全国通报。地方环保部门也启动了专项检查。

环评资质系统性问题的解决离不开政府部门的行动和环评体制改革，虽然两江环保中心在不断地反映问题，但政府部门对此的作为两江环保中心却并不一定都清楚，这涉及信息双向流动的问题，如果信息流动方向上能有突破，效果将更好。但可以肯定的是政府部门在不断地采取措施，推动环评体制改革，这只是处理得好与更好和时间快慢的问题。

媒体的曝光不一定有助于事情的解决，媒体不仅需要指出问题，也需要指出各方的行动，更需要让问题的多方都能接受最后的处理方案。

相关链接：

[1] 关于宁夏瑞博环保咨询有限公司盗用河北冀都环保科技有限公司等数家甲级环评资质单位资质的报告（总第四期）[EB/OL].（2013-09-02）.http://www.gzcy.org/?m=home&c=notice&a=info&id=3.

[2] 关于新疆正天华能环境工程技术有限公司借用中国石油大学（华东）等机构环评资质违规开展环境影响评价业务的报告（总第五期）[EB/OL].（2013-09-02）.http://www.gzcy.org/?m=home&c=notice&a=info&id=7.

[3] 关于要求百度公司清理撤销假环评公司的百度推广以及严格环评单位广告业务发布资质审核的公开信[EB/OL].（2013-09-02）.http://www.gzcy.org/index.php?m=home&c=notice&a=info&id=9.

[4] 环保部整肃违规环评　34家机构58人受处罚[EB/OL].（2013-11-05）. http://www.gzcy.org/?m=home&c=notice&a=info&id=18.

[5] 环评工程师资质“挂靠”横行　百位公职人员被指涉嫌违规[EB/OL].（2014-01-21）. http://www.kaixian.tv/gd/2014/0121/1205786_3.html.

[6] 环评市场存乱象　环评资质挂靠成行内公开秘密[EB/OL].（2014-06-23）. http://jjckb.xinhuanet.com/2014-06/23/content_509669.htm.

[7] 更多信息见：http://www.gzcy.org/?m=home&c=notice&a=init。

附录1
愿意提供咨询和帮助的相关机构和个人

自然大学：多年来持续干预生态破坏和环境污染案例，对环评信息公开和公众参与有较为丰富的经验，可以提供这方面的咨询，在条件允许的情况下也可以直接干预。

所在地：北京。

机构网址：www.nu.eorg.cn。

联系人：田静。

邮箱：769298049@qq.com。

微博：新浪@环评微听证。

南开大学战略环境评价研究中心

所在地：天津。

联系人：吴婧。

邮箱：wujing@nankai.edu.cn。

重庆两江志愿服务发展中心：创建环评公众参与

网，收集环评项目、环评单位、审批单位（环保部门）信息，对建设项目环评进行文本审核和现场审核，并且进行干预。

环评公众参与网网址：www.gzcy.org。

所在地：重庆。

联系人：丁文章。

邮箱：dingwenzhang@gzcy.org。

中国政法大学污染受害者法律帮助中心

机构网址：www.clapv.org。

所在地：北京。

联系人：刘金梅。

邮箱：yue827@126.com。

绿色昆明：成立于2006年6月，是云南本土的非营利性草根环保组织，通过环境破坏干预及环保公众倡导，以遏制人类对自然的侵害，建立人与自然的联结！民政部门注册名为：昆明环保科普协会。

7年来，围绕机构使命创造性推出“培养公民专家、政策推动、破坏干预、公众监督、社会营销”等一系列行动策略，在环境破坏干预、环保公众倡导两大方向开展大量工作。先后阻止了多项森林砍伐等生物多样性破坏、企业环境污染和健康侵害；推动了地下水立法、入滇河流排污口封堵；通过投放公益广告、媒体联动、推出全民古树保护系列行动等社会营销策略，成功推动古树纳入行政管理，近20万市民知晓古树破坏问题并有数百人投入到直接保护行动。本机构的环境教育部则在华盖木、达摩麝凤蝶等珍稀濒危物种社区环境教育等方面具有较为成熟经验。

所在地：昆明。

联系人：陈香雪。

邮箱：chenxx417@163.com。

广州参客：公众参与专业服务机构。

所在地：广州。

联系人：蒋有清。

邮箱：jiangyouqing@canyuli.com。

广州市新生活环保促进会：广州市新生活环保促进会是一个以“环保的自觉践行者，环保的志愿宣传者”为使命，以“共同志愿，携手环保”为口号，秉承志愿理念，以志愿服务为主，团结广大热心环保、爱护环境的志愿者及有志于支持环保的各界人士、企业团体，开展环境保护相关活动，进行环境保护宣传。旨在通过对入会的志愿者或团体开展环保活动、进行环保知识培训，通过志愿者之间的相互交流、沟通，通过志愿者的宣传等活动，提高志愿者和广大群众的环保意识。活动主要围绕防止环境污染、自然生态保护、资源节约与利用三个方面展开。

所在地：广州。

联系人：戴广良。

邮箱：564163874@qq.com。

附录2
环境影响评价公众参与有关资料和法律法规目录

1.《建设项目环境保护管理条例》(1998年)。

2.《中华人民共和国行政复议法》(1999年)。

3.最高人民法院,《关于执行〈中华人民共和国行政诉讼法〉若干问题的解释》(2000年)。

4.国家环保总局《建设项目竣工环境保护验收管理办法》(2002年)。

5.《中华人民共和国环境影响评价法》(2003年)。

6.李艳芳的《公众参与环境影响评价制度研究》(2003年)。

7.国家环保总局、国家发展和改革委员会《关于加强建设项目环境影响评价分级审批的通知》(2004年)。

8.环境保护部关于印发《编制环境影响报告书的规划的具体范围(试行)》和《编制环境影响篇章或说明的规划的具体范围(试行)》的通知(2004年)。

9.《环境行政许可听证暂行办法》(2004年)。

10. 国家环保总局《建设项目环境影响评价资质管理办法》(2005年)。

11. 国家环保总局《环境影响评价公众参与暂行办法》(2006年)。

12.《中华人民共和国行政复议法实施条例》(2007年)。

13.《中华人民共和国城乡规划法》(2008年)。

14.《政府信息公开条例》(2008年)。

15. 环境保护部《环境信息公开办法(试行)》(2008年)。

16. 环境保护部《环境保护部信息公开指南》(2008年)。

17. 环境保护部《环境保护部信息公开目录(第一批)》(2008年)。

18.《中华人民共和国城乡规划法》(2008年)。

19. 环境保护部《建设项目环境影响评价分类管理名录》(2008年)。

20. 环境保护部《建设项目环境影响评价文件分级审批规定》(2008年)。

21.《规划环境影响评价条例》(2009年)。

22.《中华人民共和国刑法》第八修正案(2011年)。

23. 环境保护部《关于加强西部地区环境影响评价工作的通知》（2011年）。

24. 环境保护部《关于进一步加强规划环境影响评价工作的通知》（2011年）。

25. 环境保护部《环境影响评价技术导则 公众参与（征求意见稿）》（2011年）。

26. 环境保护部《关于进一步加强环境保护信息公开工作的通知》（2012年）。

27. 环境保护部《关于进一步加强环境保护信息公开工作的通知》（2012年）。

28. 环境保护部《建设项目环境影响报告书简本编制要求》（2012年）。

29. 环境保护部环境工程评估中心《全国环境影响评价工程师职业资格考试系列参考教材：环境影响评价相关法律法规》（2013年）。

30. 环境保护部《建设项目环境影响评价政府信息公开指南（试行）》（2013年）。

31.《中华人民共和国行政诉讼法》（修正案）（2015年）。

32.《中华人民共和国环境保护法》（修订案）（2015年）。

附录3
建设项目环境影响报告书简本编制要求

一、一般要求

报告书简本是指环境影响报告书主要内容的摘要以及公众参与篇章全文。建设单位和环评机构对环境影响报告书简本内容的真实性负责。

报告书简本应简明扼要、通俗易懂，规范使用专业术语，尽量减少技术推导过程的描述。

报告书简本不应涉及国家秘密、商业秘密和个人隐私等内容。公众参与篇章中涉及个人隐私的信息在公告时应作必要技术处理。

报告书简本应提交相应环保部门一式两份（封面盖建设单位公章），并附电子文档一份。

二、内容要求

（一）建设项目概况

（1）建设项目的地点及相关背景。

（2）建设项目主要建设内容、生产工艺、生产规模、建设周期和投资（包括环保投资），并附工程特性表。

（3）建设项目选址选线方案比选，与法律法规、政策、规划和规划环评的相符性。

（二）建设项目周围环境现状

（1）建设项目所在地的环境现状。

（2）建设项目环境影响评价范围（附有关图件）。

（三）建设项目环境影响预测及拟采取的主要措施与效果

（1）建设项目的主要污染物类型、排放浓度、排放量、处理方式、排放方式和途径及其达标排放情况，对生态影响的途径、方式和范围。

（2）建设项目评价范围内的环境保护目标分布情况（附相关图件）。

（3）按不同环境要素和不同阶段介绍建设项目的主要环境影响及其预测评价结果。

（4）对涉及法定环境敏感区的建设项目应单独介绍对环境敏感区的主要环境影响和预测评价结果。

（5）按不同环境要素介绍污染防治措施、执行标准、达标情况及效果,生态保护措施及效果。

（6）环境风险分析预测结果、风险防范措施及应急预案。

（7）建设项目环境保护措施的技术、经济论证结果。

（8）建设项目对环境影响的经济损益分析结果。

（9）建设项目防护距离内的搬迁所涉及的单位、居民情况及相关措施。

（10）建设单位拟采取的环境监测计划及环境管理制度。

（四）公众参与

（1）公开环境信息的次数、内容、方式等。

（2）征求公众意见的范围、次数、形式等。

（3）公众参与的组织形式。

（4）公众意见归纳分析，对公众意见尤其是反对意见处理情况的说明。

（5）从合法性、有效性、代表性、真实性等方面对公众参与进行总结。

（五）环境影响评价结论

（六）联系方式

建设单位、环评机构的联系人和详细联系方式（含地址、邮编、电话、传真和电子邮箱）。

附录4

环境保护部政府信息公开申请表

<table>
<tr><td rowspan="10">申请人信息</td><td rowspan="5">公民</td><td>姓名 *</td><td></td><td colspan="2">联系电话 *</td><td></td></tr>
<tr><td>证件名称 *</td><td></td><td colspan="2">证件号码 *</td><td></td></tr>
<tr><td>电子邮箱</td><td></td><td colspan="2">传真</td><td></td></tr>
<tr><td>联系地址 *</td><td colspan="4"></td></tr>
<tr><td>邮编 *</td><td colspan="4"></td></tr>
<tr><td rowspan="5">法人/其他组织</td><td>单位名称 *</td><td></td><td colspan="2"></td><td></td></tr>
<tr><td>组织机构代码 *</td><td></td><td colspan="2">联系人 *</td><td></td></tr>
<tr><td>联系电话 *</td><td></td><td colspan="2">传真</td><td></td></tr>
<tr><td>联系地址 *</td><td></td><td colspan="2"></td><td></td></tr>
<tr><td>邮编 *</td><td></td><td colspan="2"></td><td></td></tr>
<tr><td colspan="3">受申请机关</td><td colspan="4"></td></tr>
<tr><td colspan="3">申请日期</td><td colspan="4"></td></tr>
<tr><td colspan="2" rowspan="3">申请公开内容</td><td colspan="5">信息名称 *</td></tr>
<tr><td colspan="5">文 号</td></tr>
<tr><td colspan="5">内容描述</td></tr>
<tr><td colspan="3">信息用途 *</td><td colspan="4">参与环境保护</td></tr>
<tr><td rowspan="3">信息介质 *</td><td colspan="2">纸质</td><td>√</td><td rowspan="3">获取方式 *</td><td>邮寄</td><td>√</td></tr>
<tr><td colspan="2">电子文件</td><td></td><td>电子邮件</td><td></td></tr>
<tr><td colspan="2">其他</td><td></td><td>自行领取</td><td></td></tr>
<tr><td colspan="2">备注</td><td colspan="5"></td></tr>
</table>